儿童友好交互设计

熊红云　著

中国纺织出版社有限公司

内 容 提 要

本书试图用信息设计的方式来图解并构建交互设计理论、原则、流程和方法，可视化的儿童心理学理念指导交互设计师快速构建儿童生理、心理、认知及社会等方面的发展，探索面向现在及未来的儿童友好交互设计。本书就像一本儿童交互设计的宝典，为设计师在设计内容有发散、交互思维有应用、儿童理论有依据、设计方法可遵循、交互原则可规范、设计案例可参考、设计未来有趋势方面提供借鉴。

图书在版编目（CIP）数据

儿童友好交互设计 / 熊红云著. -- 北京：中国纺织出版社有限公司，2024. 11. -- ISBN 978-7-5229-2116-7

I. TP11

中国国家版本馆 CIP 数据核字第 20245PD270 号

ERTONG YOUHAO JIAOHU SHEJI

责任编辑：亢莹莹　　特约编辑：黎嘉琪
责任校对：高　涵　　责任印制：王艳丽

中国纺织出版社有限公司出版发行
地址：北京市朝阳区百子湾东里 A407 号楼　邮政编码：100124
销售电话：010—67004422　传真：010—87155801
http://www.c-textilep.com
中国纺织出版社天猫旗舰店
官方微博 http://weibo.com/2119887771
北京华联印刷有限公司印刷　各地新华书店经销
2024 年 11 月第 1 版第 1 次印刷
开本：710×1000　1/12　印张：23　插页：1
字数：255 千字　定价：128.00 元

序

当前，人类文明正站在从农业文明、工业文明向数字文明转型升级的重要历史节点，构建数字文明伦理秩序与数字文明建设一样，不仅必要，而且非常迫切。新的数字友好伦理将重塑我们对世界和人类自己的认知，建立"万物皆数"的宇宙观，规范数据驱动事物发展，共建数字友好世界，指引人类进入自由且全面可持续发展的理想状态，同时厘清相关共识、标准和协议并找到应对方法。

儿童作为城市中特殊的群体，是家庭和社会发展的未来主人，也是城市潜在的建设者和未来居民，更是数字友好城市试点建设理应成为关注的重点群体。WTO长期以来建议全球贸易和政策层面加强儿童友好原则。数字友好通过制定全球统一的技术标准确保数字产品和服务对儿童友好、儿童公平参与、保护儿童隐私、促进国际合作和教育资源的共享、分享最佳实践，致力于为儿童创造一个更加安全、有益、包容、全面发展的数字友好环境。

我非常荣幸地推荐熊红云教授撰写的《儿童友好交互设计》。本书定位为数字友好城市未来主人的儿童而设计，更是提出了面向儿童友好型设计的理念，响应了世界数字友好共识的倡议，丰富了数字友好公理系统的内涵。本书以面向儿童的交互设计作为主线，全面梳理了面向儿童群体的数字友好型交互设计理论，并辅以大量真实例证，是数字友好理论首次在交互设计领域卓有成效的探索和创新。当前，面向儿童群体的数字应用产品发展和数字技术不断迭代升级过程中，拨开异彩纷呈的外在表象，其蕴含的"以儿童发展为本，为儿童健康成长服务，提升儿童数字社会福利"数字友好设计思想是非常宝贵的，需要持续发展和长期坚持。熊教授结合数字友好公理系统编撰的本书，突破了当前交互设计理论和实践局限于技术导向的模式问题，从数字交互设计角度重新审视和思考为儿童而设计的原则和体系，为构建儿童友好型数字产品和服务提供了重要的理论指导。

作为数字友好公理系统的提出者和《数字友好城市评价规范》标准化工作组组长，我期待熊教授以此书为起点在数字友好儿童设计领域不断取得新探索、获得新成就。

中国世界贸易组织研究会

数字经济和数字贸易专业委员会主任

前言

在本书撰写的一年间，人工智能（AI）系统正在根本性地改变世界，生成式人工智能（AIGC）、ChatGPT等工具扑面而来、层出不穷，"10后"不可避免地被卷进这波人工智能的洪流。人工智能正以不可阻挡之势改变人类看待和认知世界的方式，并影响着儿童，他们已经以许多不同的方式与AI技术进行交互：它们被嵌入玩具、教育、阅读、社交、虚拟助手和视频游戏中，并用于驱动聊天机器人和自适应学习软件，算法为儿童提供建议，告诉他们接下来要观看什么视频、阅读什么书籍、听什么音乐、与谁交友。

人类社会正处于从农业文明、工业文明向数字文明转型升级的重要历史节点，农业文明产生了"天命"思想的社会契约，工业文明产生了民权让渡的社会契约，数字文明产生了面向精神创造无限性的数字友好社会契约。"数字友好"作为数字文明哲学和公理系统，是一种人与数字化和谐共生的社会形态和数字文明趋势，其核心内涵是以人为本的人类生产生活和以数据驱动的数字生态系统协调可持续发展，并遵循科学实证原则不断进化和改善，最终实现人类自由而全面发展的社会状态。数字友好公理的前提是：人类的初心和使命，是面向未来的传承、创造与永生。

儿童是面向未来的传承，是人类得以永续绵延的基石，是社会可持续发展的基础和核心，是家庭和国家发展的未来与希望。当前和未来的儿童一代，他们实际上是数字文明社会的原住民。然而，如何用数字赋能儿童友好服务，这需要站在儿童的角度，帮助他们理解这个世界，构建儿童友好和谐交互的环境。数字教育、数字健康、数字社交、数字娱乐，依托虚拟现实（VR）、AI、智能传感等交互技术赋能儿童生理、心理及社交发展，构建儿童友好数字化生态，打造线上线下友好交互场景。

因此，本书中的所有儿童交互设计案例都在努力构建儿童数字友好、可感知、可触及的交互产品，希望让数据不再冰冷，而是汇聚成儿童友好的暖流，让关爱无处不在，让每一个儿童的童年都更加美好。例如，面向儿童的传统文化的传播，让儿童理解一个静态的、"躺"在博物馆几千年以前的东西是非常困难的，这些东西远离儿童的生活，离现代生活非常遥远。那如何把传统文化融入新的数字文明社会的视角，让儿童理解这些文化呢？我们试图以数字友好的交互设计传递信息，让传统文化活起来、动起来，变得更生动，让儿童真正体验和理解传统文化知识，达到传承目的。

市面上关于儿童心理学理论的书琳琅满目，交互设计方面的书也层出不穷，本书试图用信息设计的方式来

1

图解并构建交互设计理论、原则、流程和方法，用可视化的儿童心理学理念指导交互设计师快速构建儿童生理、心理、认知及社会等方面的发展，探索面向现在及未来的儿童友好交互设计。本书就像一本儿童交互设计的宝典，为设计师在设计内容有发散、交互思维有应用、儿童理论有依据、设计方法可遵循、交互原则可规范、设计案例可参考、设计未来有趋势方面提供借鉴。

2013年伊始，女儿3岁的时候，在北京服装学院数字媒体艺术专业本科生"交互设计"的课程上，我开始思索：交互设计只是一种思维工具和手段，任何数字化的设计都要基于一定的内容，内容决定形式，形式表现内容，两者相得益彰。正是因为有了对女儿这个个案的研究、观察、琢磨的启示，任何设计只有有体验、有发现、有洞察，才能有精彩的设计，我投入极大的热情开始带着学生们做儿童设计。

"儿童友好交互设计"这个话题研究了整整10年，源于初为人母，对女儿成长过程的研究和困惑，每天琢磨、观察、研究她，成为我工作之余最重要的事情。虽然读了海量的各类育儿书、认识和发现儿童方面的理念书，在与女儿5000多个日日夜夜、耳鬓厮磨的朝夕相处中，仍然有很大的"惑"。这些"惑"就化作了本书中儿童友好交互设计案例。这些案例是我从北京服装学院数字媒体艺术专业研究生、本科生的毕业设计以及交互设计课程中精选的一些优秀作品。本书是对我10年教学、科研工作的一个总结。

本书包括绪论、6个章节和附录，其中绪论、第1、3~6章由熊红云撰写，第2章由熊红云、郭子琦、苏敬文、栾承骏、温玉婷共同撰写。

在本书成书的过程中，特别感谢我的研究生郭子琦、苏敬文、刘子珊、温玉婷、栾承骏、王静，正是有了这些小伙伴们的帮助和支持，我在百忙中才得以完成书稿撰写。感谢中国纺织出版社有限公司亢莹莹编辑对本书成稿的支持，还有对本书有过帮助的朋友们，谢谢你们。

最后，感谢我的女儿，成为我在儿童友好交互设计方面的引路人，给了我无穷的设计智慧、灵感和创作源泉。感谢我的家人们，在本书撰写过程中忽视了你们，但你们始终对我表示支持和宽容。

北京服装学院副教授　熊红云

2024年2月20日

目录

绪论 儿童友好交互设计探索

联合国儿童基金会于2019年发布《儿童友好型城市规划手册》，呼吁在关注儿童利益的前提下开展城市规划，通过提供导则和指引，助力全球城市规划在实现联合国可持续发展目标（SDG）中发挥重要作用。手册以全球视角为出发点，适应当地经济、社会、文化发展水平，发出健康、包容、安全和有韧性的、绿色和可持续的、繁荣和智慧的城市和社区倡议，希望创造公平和繁荣的城市，让儿童能生活在健康、安全、繁荣、环境可持续和具有公民身份认同的社区中。手册总结了儿童权利和城市规划的10条原则，其中第10条原则聚焦智能数据和信息通信技术网络，对其予以整合，确保儿童和社区能接入数字网络，通过城市规划，所有城市均应把数据和信息通信技术引入城市建成环境，并确保儿童及其社区获得互联网数据，从而实现通用、经济、安全且可靠的信息通信。

2021年9月，国家发展改革委联合23部门印发了《关于推进儿童友好城市建设的指导意见》，指明了儿童友好城市建设的方向，明确了其基本原则：儿童优先，普惠共享；中国特色，开放包容；因地制宜，探索创新；多元参与，凝聚合力。以"1米高度看城市"的儿童视角来审视场馆建设和适儿化改造成果，满足儿童的实际需求。

在这种政策的导向下，特别是随着当前全球数字经济的蓬勃发展，数字技术赋能下的儿童友好城市建设有了更多可能性。近年来，国内外城市不断拓展数字化的生活应用场景，并将数字技术应用融入儿童的点滴生活，推动了全球儿童友好城市建设。硬件基础设施建设是其中重要的一环，诸多社会人士、专家、学者在此方面开展了大量的研究，而处于硬件基础设施建设之上更本质的环节——儿童友好的软件内容则是儿童友好设计更为重要的一环。通过充分利用AI、人脸识别、物联网、大数据、云计算等新一代信息技术，建设儿童智能教育、智能社交、智能旅游、智能电子、智能健康、智能生活、智能娱乐、智能出行等一批新型数字生活场景，为儿童创造宜学、宜游、宜玩、宜居的友好数字交互环境，让数字交互赋能儿童现代化生活，构建儿童友好数字化生态，打造线上线下儿童友好数字场景。

笔者多年来一直致力于探索"儿童友好"理念下交互设计的可能性，让儿童以与成人平等的状态拥抱数字技术。用数字赋能儿童对现实世界的认知和理解，扩充现实世界中儿童难以获得或难以理解的话题，尝试站在儿童的视角，以儿童能听懂、可感知、可触及的交互产品的方式让其全方位感知世界，构建儿童数字友好生活。

儿童友好理念

"儿童友好"源自1989年《儿童权利公约》提出的儿童具有生存权、发展权、受保护权与参与权四大权利，儿童友好的最基本内涵就是尊重儿童的上述基本权利。自联合国大会通过《儿童权利公约》以来，保护儿童权益直接表现为不断为儿童成长提供适宜的条件、环境和服务，以切实保障儿童的生存权、发展权、受保护权和参与权，并基于儿童行为特征与需求为儿童创造安全、有趣、自然、舒适的成长空间。

1996年，由联合国儿童基金会发起儿童友好城市倡议（Child Friendly City Initiative，CFCI），以保护儿童权益、儿童优先为核心内容的儿童友好理念在城市物理空间设计和建设中得到了广泛的研究和实践。

从2002年开始，德国、保加利亚、阿根廷、比利时等国家先后开始儿童友好城市的建设工作。迄今为止，全球有超过80个国家启动了儿童友好城市行动，全球900多个城市获评儿童友好型城市。

2018年颁布的《联合国儿童基金会友好城市和社区手册》对儿童友好城市作出如下定义，儿童友好城市是这样一些城市、城镇、社区或别的地方治理体系，它们致力于实现《儿童权利公约》中所阐明的儿童权利。在这样的城市或社区中，儿童的声音、需求、优先性和权利都是公共政策、项目和决策中不可分割的一部分。

我国作为拥有2.98亿少年儿童的大国，儿童友好理念逐渐受到广泛关注，在社会政策、公共服务、权利保障、成长空间、发展环境等方面逐步体现。2021年3月，"儿童友好城市建设"被正式纳入我国"十四五"规划的蓝图。

2021年9月，国务院发布《中国儿童发展纲要（2021—2030年）》，对建设儿童友好城市、营造适儿化的社会环境作出重要指示。

2021年9月，国家发展改革委联合23部门发布《关于推进儿童友好城市建设的指导意见》，明确提出推进城市公共空间适儿化改造的要求，并计划至2025年，在全国范围内开展100个儿童友好城市建设试点。指导意见中明确指出："儿童友好"是指为儿童成长发展提供适宜的条件、环境和服务。"儿童"为主体，"友好"即目的，"儿童友好"旨在立足于儿童优先发展理念，完善社会服务政策，切实保障儿童基本权益；拓展城市公共空间环境，全面推动儿童健康成长；优化公共设施资源配置，务必满足儿童美好发展需要。将儿童友好融入全社会的共同理念，以政策友好、服务友好、福利友好、成长空间友好和社会环境友好为最终目标。

▍儿童友好数字空间

当前国内外相关研究多集中于儿童友好城市空间建设主题，探讨儿童友好社区、城市公共空间、游戏空间和设施、交通和特殊空间等物理空间的友好型设计与建设。随着数字技术在社会经济生活中的深入应用，在数字空间的数字化应用在儿童成长过程中发挥越来越重要的作用。儿童在学习、娱乐及成长过程中无时无刻不在与数字设备、数字应用交互，数字化技术塑造着儿童的生活，与他们共同成长。儿童成为所谓的"数字土著"，他们比以往的人们更具有数字原生和数字化生活的特点，因此，以儿童这一"数字土著"为对象，将儿童友好理念应用于其数字生活场景的儿童友好数字空间设计和建设理应成为时代所需。目前，儿童友好数字空间的研究尚未得到应有的重视，相关研究更是凤毛麟角。

与儿童友好城市相对应，儿童友好数字空间将成为融汇心理、社会、数字科技、法律等多学科理论的复杂课题，通过营造儿童友好的数字环境，丰富儿童数字生活服务，开发儿童友好型软硬件产品，推动儿童数字福利和数字安全保护创新，最终保障儿童在数字生活空间的生存权、发展权、受保护权和参与权，为儿童创造安全、有趣、自然、舒适的数字成长空间，最大限度保障数字时代儿童权益。

▍构建儿童友好交互的尝试

根据联合国儿童基金会发布的《2017年世界儿童状况：数字时代的儿童》显示，全世界互联网用户约1/3为18岁以下的儿童与青少年；同时，数字技术改变了世界——互联网在儿童中日趋普及，正在改变他们的童年。互联网和数字娱乐活动具有较大的影响力，使儿童有更多机会接触内容丰富的信息。数字技术在很大程度上拓宽了儿童自由表达思想的空间，但数字技术对儿童福祉的负面影响需要克服与抵消。对于数字化生活给儿童认知、学习以及社会情感能力发展造成的负面影响，一方面，需要强化数字空间伦理和道德要求，并通过数字公民教育提升儿童数字素养，创造有利于儿童的数字内容环境，降低针对儿童的潜在风险；另一方面，需要通过建立儿童友好交互设计体系，完善用于营造儿童友好数字空间的技术原则和体系，保障数字空间的产品与服务更有利于儿童的成长和发展。为此，本书基于儿童友好理念试图探讨面向儿童的交互设计方法和原则，致力于构建儿童友好数字空间的工具，为保护数字时代的儿童权益提供新思路和探索新方法。

▋个案启示：为女儿而设计

　　每一个孩子都是父母心目中的天使，在父母眼中都是独一无二的。在本书成书的这一年，女儿也步入了14岁，从呱呱落地、手舞足蹈得像个肉球一样的小婴儿到成长为一个大姑娘，感叹时光飞逝，从孩子一出生开始，作为设计师的我就每天琢磨这个不会说话的小东西，观察她、了解她几乎伴随着生活的每一天。

　　他们有时候像个哲学家一样，与生俱来的学习力让他们具有洞察一切的智慧。研究孩子成了一个系统工程和谜一样的存在，因为在养育孩子的道路上没有现成的参考经验，对未来的路一无所知，即使书架上摆着无数研究儿童的书，也难以全部应用于孩子身上。我一直认为好的设计在于设计师的敏锐洞察力，精彩来自生活。

　　在女儿4个月的时候，我在家里的客厅里开辟了一个儿童小天地（图1），直到学龄前，女儿每天都会倒出来她的玩具在地上玩儿（图2），有时候也会拉着我一起玩，作为成人的我们，在忙碌一天之后，回家要接着趴着或蹲着跟孩子玩儿，也是腰酸背疼，而且每天收拾这些地上的玩具更是很费一番功夫。

图1　4个月的儿童趴着玩儿

图2　1～3岁儿童蹲着玩儿

　　为了解决父母趴着或蹲着玩儿和玩具收纳的问题，我当时就在想能不能让"趴"或"蹲"着玩儿变成"坐"或"站"着玩儿，让玩具直接"贴"或"吸附"在墙面上，这样既免去了玩具收纳的麻烦，还能坐着与孩子的视角平齐，跟孩子一起玩儿。于是我们设计了《下落的果子》《缤纷童年》（图3、图4）墙面磁性交互玩具产品，解决了这一类玩具占地面积大、细小部件容易丢件、不方便收纳的问题。

特殊关卡

单元件   内置磁铁

这是一款适合大人小孩玩的磁性墙面互动的益智玩具。

玩具一侧内嵌磁铁，可以吸在墙上。一套玩具由若干个不同的单元轨组成，两轨之间既可使用插接结构连接，也可形成落差，增添趣味。

故事情节：果子熟透了，将被地球引力吸落。小朋友需要给他们安排路线，使他们能够躲避怪兽安全地滚落到果筐。顺利进筐者胜利。

图3 《下落的果子》

图4 《缤纷童年》

在女儿2岁的时候，由于这个年龄段的孩子一般都比较喜欢玩过家家、角色扮演的游戏，她经常在家里模仿能干的小厨师，于是，家里又多了个巨型儿童厨房玩具，在一线城市这样寸土寸金的地方，厨房玩具常常因为特别占地方，从这边挪到那边，从那边又挪到这边，总没有固定位置放置。设计师妈妈就在想：能不能做出更省地方的厨房玩具呢（图5）？

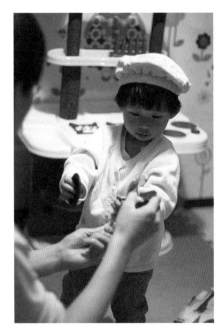

图5 2岁儿童模拟小厨师

我们设计了《魔幻厨房》系列磁性墙面互动产品来解决厨房玩具的占地方和收纳问题。以贴近儿童生活的磁性玩具，使其充分发挥独立自主性，区别于传统玩具固定的玩法模式，这款磁性玩具巧妙运用磁的优势，打破了时间和空间的限制（图6）。

图6 《魔幻厨房》墙面互动产品

女儿3岁上幼儿园后，她每天需要早起，养成勤洗手、早睡早起、刷牙的好习惯。发现无论怎么叮嘱都不起作用。有次回家，不用我叮嘱，她主动地、乖乖地去洗手了。我问："今天怎么乖乖洗手了？"女儿答："今天幼儿园老师给我看了一个短视频，不洗手的话，全是黑黑的精灵，特别可怕！"

我突然意识到，把手上看不见的"脏细菌"通过拟人化的方式可视化给儿童，通过这种立竿见影的方式自然习得洗手的习惯，是站在儿童角度解决问题的好思路。于是我们创作了会"动"的交互绘本——《嘟嘟习惯养成记》系列（图7），是以勤洗手、早晚刷牙、按时睡觉为主题设计的一套习惯养成类交互绘本。儿童在阅读的过程中，通过按、翻、拉等交互触发电

图7 《嘟嘟习惯养成记》

子装置，得到互动有趣的反馈。将多元化交互方式融入纸质绘本中，形成对儿童视觉、听觉、触觉等多感官反馈刺激，增加传统纸质绘本的趣味性。由于儿童此时处于认为一切物体皆有生命的泛灵论阶段，会"动"的交互绘本让纸质绘本具有人性的反馈，给予儿童友好的交互体验，延续了纸媒的生命力，同时也提升了纸质绘本的阅读价值。

女儿4岁多时胳膊关节处和大腿根部溃烂不断，学医的朋友提醒有可能是对某种食物过敏，于是去中日友好医院检查，发现鸡蛋和牛奶都是3个"＋"。至此，一切含鸡蛋、牛奶的食物都不能吃。让女儿抵御住各种美味的饼干、蛋糕的诱惑简直是难上加难，教育儿童吃这些食物带来的后果并克制其不吃实在是个难题。小学一年级时因为在学校偷吃了这些东西得了过敏性紫癜，非常可怕。近年来因为食物过敏造成的儿童伤害事件发生率逐渐呈上升趋势，儿童时期患病率高、认识不到位等问题都是造成危害的元凶。

于是，设计师妈妈想开发一款交互桌面游戏，让孩子立竿见影地了解这些过敏原对过敏孩子的危害。于是《今天吃什么？》（图8）交互桌面游戏产品诞生了，将食物过敏的教育方法融入桌面游戏的设计中，在寓教于乐的同时，帮助儿童避免相关危害，树立良好的食品安全意识。

图8 《今天吃什么？》交互桌面游戏产品

女儿从小特别爱吃零食，尤其是各种新奇的零食，不爱吃蔬菜、水果。如何让儿童合理健康地均衡饮食，摄入各种富含维生素和微量元素的食物，少吃一些危害健康的零食？以食物微观可视化的形式让儿童知道零食的危害是一个好办法。

《零食大作战》交互产品就是鼓励儿童从另一个视角观看世界，把人体比喻成一个食物加工厂，里面住着很多好精灵和坏元素在参与食物加工和运输工作（图9）。通过拟人化的方式，让儿童了解食物的吸收和消化方式、营养物质是身体能量供给的必需品、零食里面藏着很多对身体有害的坏元素等饮食常识，以交互收纳盒的形式，让儿童在视、听、触等多感官交互游玩中习得合理健康的饮食方式。

女儿从小特别爱吃火龙果，她经常会问："怎么会长出这么奇形怪状的水果，什么样的树上会结出这样的果子？我怎么平时都见不到火龙果的妈妈是谁？"

图9 《零食大作战》交互产品

基于女儿的这一连串疑问，我带着学生一起设计了《水果妈妈》这款软硬件相结合的植物类科普交互产品（图10），玩家通过线上线下产品来帮助水果们找到它们的妈妈。这款产品可以让儿童在游戏中了解水果的生长环境，例如，苹果长在苹果树上、火龙果生长在叶片上、葡萄长在葡萄藤上……儿童在游戏中不仅可以了解到水果生长在哪里，还可以了解到水果的外形及颜色。线上游戏的植物们，通过卡通化、拟人化的形象设计方式呈现，目的是让儿童更好、更快、更轻松地掌握知识；线下的交互玩具产品，让儿童在视、听、触等多感官交互中帮助各种玩具水果在游戏地毯上找到妈妈，并进行交互反馈、语音知识讲解匹配。

女儿上小学中年级的时候，我俩一起逛超市，她发现超市购物车能很好地卡在上下电动斜梯的轨道上，便问我："为什么购物车不会自己滑下去，能待在那里一动不动？"我答："因为摩擦力。"女儿接着问："摩擦力是什么？"这真是一种一两句话解释不清楚的物理问题。还有的时候女儿刚洗完澡，经常问我："为什么在浴

图10 《水果妈妈》线上线下交互产品

室里穿裤子很难套进去，衣服粘在身上？"我又答："是因为摩擦力。"女儿刨根问底："到底什么是摩擦力啊？"

这些其实都牵涉很难解释清楚的生活中的物理问题，为了很好地回答她的类似问题，我带着团队一起设计了用于儿童物理知识科普的可视化视频及交互绘本《物理小侦探》。家长可以通过交互绘本给儿童科普物理概念，儿童也可以对物理概念进行自主学习，引导其用物理的角度思考生活现象，抓住儿童敏感期，在生活中自然而然地进行物理启蒙（图11）。

图11 《物理小侦探》交互绘本

本书因为篇幅有限，10多年做了上百个各式各样解决儿童"十万个为什么问题"的创意案例，在此不再一一赘述。虽然女儿伴随着我做儿童设计的这10多年逐渐长大了，有了"女儿"这个个案作为启示，作为数字媒体艺术专业教师的我，带着为儿童创造友好数字生活的使命，希望团队做的儿童友好交互设计能帮助更多的孩子，这个话题仍将继续。恰逢人工智能爆发式发展的一年，儿童作为人类延续的未来，拥抱数字技术、人工智能的趋势势不可当，如何在数字与现实之间进行博弈成为重要的议题。儿童虽然不沉溺数字，但是又像成人一样，不摒弃数字带来的红利，人工智能终将成为人类的延伸，为人类创造更美好的福祉。

儿童友好交互设计原则

用户、场景、内容是交互设计思维中非常重要的概念，它们相互关联，共同影响着交互产品的体验。儿童友好交互就是要基于儿童用户本身进行洞察，结合儿童的数字生活场景特点，构建良好的内容服务体系，创造出一个符合儿童认知和行为习惯的友好交互环境。

· 基于儿童用户的交互

在设计前需要深入了解儿童用户的年龄、性别、兴趣、认知和行为特点等，以便更好地满足他们的需求。可以通过市场调研、用户访谈、观察等方法来获取相关信息。

· 基于儿童场景的交互

充分考虑儿童在学习、游戏、户外、家庭等不同场景下的需求和使用情况，创造出一个符合儿童特点的交互环境。儿童在不同的场景下会有不同的需求和使用习惯，因此需要针对不同场景进行有针对性的设计。

· 基于儿童内容的交互

充分考虑儿童的兴趣和认知特点，尝试多样化的内容形式，如科普知识、文化传统、艺术欣赏等。通过多样化的内容来满足不同儿童的多样化需求。在交互设计中可以增加互动元素，如语音交互、手势操作等。通过互动内容来提高儿童的参与度和探索欲望。

儿童友好交互设计需要综合考虑儿童的认知水平、兴趣和安全等方面的因素，满足儿童用户的需求，创造一个安全、有趣且具有启发性的数字体验，密切关注儿童的特殊需求和心理特点，以确保他们在使用产品时获得有益、积极的体验。儿童友好交互设计通常可以遵从以下六个方面原则。

· 吸引儿童的视觉设计

儿童对色彩和形状的敏感度较高，在进行儿童产品设计时，可以使用一部分明亮、鲜艳的色彩、有趣的形状和引人入胜的动态效果，吸引儿童的注意力并激发他们的兴趣。然而，学龄前儿童对鲜艳的色彩更敏感，视觉仍然处于发展期，一味地追求艳丽反而适得其反，除了明艳的互补色外，产品中可以增加一些中性色或者降低色彩的饱和度进行调和。

· 符合儿童认知特点的内容

针对学龄前儿童，可以设计一些简单、有趣的益智游戏，如拼图、积木等，培养他们的空间感知、思维能力和手眼协调能力；对于年龄稍大的儿童，可以设计一些科普知识类互动游戏，如物理启蒙、历史科普、生物探险等，让他们在游戏中了解科学原理、人文学科和自然知识。

· 即时且激励的反馈机制

提供即时反馈与引导，帮助儿童理解操作的结果和下一步的操作方向。在交互设计中加入积极的反馈和奖励，鼓励儿童积极参与，可以通过动画、声音效果或小奖励等方式实现，也可以通过设置多种由易到难的激励体系来使儿童获得乐趣、产生成就感。

· 简单直观易操作

儿童用户不同于成人用户，他们的认知能力和操作能力有限，应提供简单直观的操作界面，使儿童用户能够轻松理解并使用。控件和按钮的大小适中，符合儿童手的尺寸，便于小手触摸和操作。交互元素应该容易点击，以确保儿童可以轻松地与产品互动。

· 新奇有趣的交互体验

儿童好动，好奇心、探索欲强。触觉交互和运动觉交互与传统方式相比，能令儿童获得更真实的沉浸感。通过摄像头、机器人、体感设备、近场通信（NFC）交互、语音交互、各类传感器等方式与产品进行信息的输入与输出，提高交互产品的体验性和趣味性。

· 网络安全与健康保护

为儿童提供一个安全、健康、有益的数字环境，确保儿童在数字时代能够健康成长和发展。保护儿童免受网络上的不良信息、网络欺凌和隐私侵犯等威胁。控制儿童使用电子产品的时间，避免对视力、听力等身体机能造成损害，同时也要防止其沉迷于数字设备。

▍儿童友好交互设计流程

儿童友好交互设计流程遵循生活方式洞察、设计研究、功能分析、交互原型、视觉设计以及系统设计六个关键阶段。这些阶段紧密围绕"儿童友好交互理念"展开，细致入微地对儿童需求进行洞察，采用产品系统思维满足儿童在科技互动、科普百科、智能益智、智能生活、智能学习、智能社交、智能娱乐、智能游戏、智能安全、智能出行等方面的需求，通过精心设计的"体验"来达到儿童友好交互的目标（图12）。

图12 儿童友好交互设计流程

· 生活方式洞察

深入洞察儿童的生活方式和需求，研究儿童的日常行为、兴趣爱好、习惯的交互方式等。通过观察、用户访谈和问卷调查等方法，了解儿童在科技互动、科普百科、智能益智、智能生活、智能学习、智能社交、智能娱乐、智能游戏等方面的需求和痛点。同时，也要考虑到家长对儿童使用数字产品的态度和期望（图13）。

生活情境：博物馆排队，孩子不愿站着等待

生活情境：饭桌上，孩子挑食

生活情境：亲子乐园，家长与孩子的互动

生活情境：公园里，孩子走花坛边，家长搀扶

生活情境：外出路上，孩子趁家长不注意，用玩具枪射街边的东西

生活情境：故宫里，孩子喝水时，把水吐在地上

图13 儿童生活方式洞察

· 设计研究及功能分析

在深入理解儿童生活方式的基础上，对可能的儿童设计内容进行全面的调研。梳理出哪些内容最适合以交互的方式呈现给儿童，并对这些内容进行信息设计表达。然后利用市场调研、用户角色模型、同理心地图、设计定位、情境场景剧本、故事板（图14）、竞品分析、需求点／痛点及核心竞争力分析、用户使用行为分析、功能分析、服务／软件／产品的信息架构图等方法进行设计研究及产品功能需求分析，建立产品信息架构。

① 我是小花妈妈，小花今天看起来不舒服的样子

② 果然！发烧了

③ 这孩子平时缺乏病毒这方面的知识，总爱生病

④ 怎样才能让他寓学于乐，提高他的专注力呢？

⑤ 有了！看看 App，这个病毒大作战好像不错！

⑥ 这个病毒图鉴可以科普有关病毒的知识

图14 故事板分析方法示例

· 交互原型

根据设计研究及功能分析的结果，手绘交互草稿或绘制交互线框图，撰写详尽的交互脚本设计文档，获得产品具体的实施路径和方法，进行交互原型设计。在这一阶段，要注重用户参与，邀请儿童和家长一同测试原型，并提供反馈，根据反馈进行迭代修改，确保产品能满足用户需求（图15）。

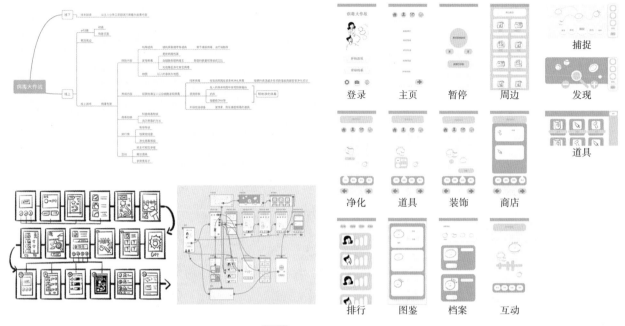

图15 交互原型示例

· 视觉设计

视觉设计是在交互设计完成后进行的主要工作。这一阶段的目标是确定整体色彩和风格，并让整个设计团队对方案进行评价，最终确定设计方案。视觉设计师需要分析竞品，确定页面色彩合理设计模块对应位置关系、图标大小等，并了解用户交互行为，以输出视觉规范，保证不同页面间的效果相同（图16）。

图16 《病毒小专家》视觉设计

·系统设计

系统设计涉及对一个产品或服务进行全面的规划，以满足儿童的需求并实现目标，涵盖了产品的硬件、软件和周边产品设计部分。系统设计需要考虑如何将各个功能模块有效地整合在一起，同时保证系统的稳定性和安全性。其中还包括对产品的校验和评估，通过用户测试、专家评审等方式，获取对产品的反馈，并根据反馈进行相应地调整，对产品进行迭代设计，不断优化和完善产品（图17）。

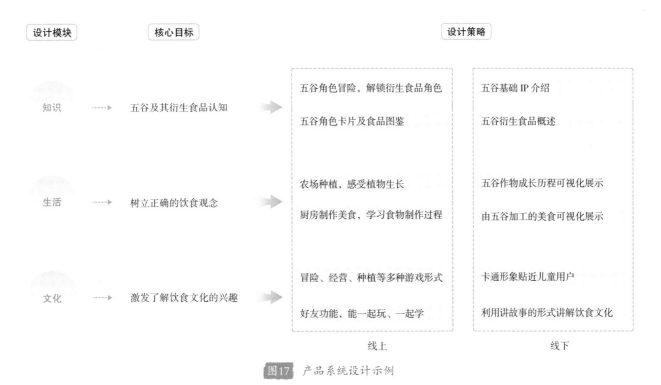

图17　产品系统设计示例

在古代饮食文化科普的产品系统设计中，主要包括两种设计形式，线上推出了一款名为《谷咕农场》的产品。《谷咕农场》是一款基于五谷认知的移动端应用，主要面向6～12岁的学龄期儿童，该产品以五谷卡通IP形象展开游戏，通过冒险、农场种植作物、厨房制作美食、角色/美食图鉴等核心玩法，让儿童了解五谷对应的食品，填补儿童对于五谷认知的空缺。线下推出《五谷的秘密》信息可视化手册，结合线上游戏的IP形象，从五谷的起源、生长、制作三个方面进行五谷的详细介绍，串联起线上线下结合的完整知识链条，实现儿童线下学习、线上游戏轻松巩固的学习模式。

▌儿童友好交互设计内容探索

在儿童友好交互设计中，好的内容是基础和前提，笔者耗时十几年，一直在探索适合儿童友好交互的内容，用数字赋能儿童对现实世界的认知和理解，扩充现实世界难以获得或难以理解的话题，尝试站在儿童的视角，以儿童能听懂、可感知、可触及的交互产品的方式，让其以与成人平等的方式感知世界，构建儿童数字友好生活。每一个面向儿童的内容调研，都尝试用信息设计的方法进行图解或可视化整理，这样设计师可以做到心中有数地绘制儿童友好交互的蓝图。

·儿童 — 智能 — 交互

以"儿童—智能—交互"为设计的方向，从儿童的衣、食、住、行、娱等方面挖掘大量的用户需求并进行头脑风暴，从儿童智能娱乐、智能社交、智能出行、智能游玩、智能教育、智能饮食、智能健康、智能生活等领域进行智能交互的探讨，深入探索儿童友好交互设计的前沿（图18）。

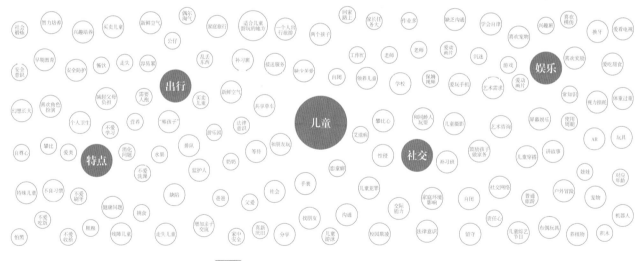

图18 "儿童—智能—交互"主题头脑风暴

在探索"儿童—智能—交互"的头脑风暴中，可以图解可视化内容，用一句话概括产品的核心理念。整个设计团队可以通过设计师的语言进行交流，通过图解产生内容共识（图19）。

图19 头脑风暴概念可视化

·0～3岁儿童——智能启蒙认知设计

以皮亚杰认知发展理论为基础，通过对儿童进行大量的跟踪调研，对市面上大量0～3岁儿童玩具产品进行市场调研和竞品分析，寻找产品机会缺口。聚焦0～3岁儿童关于大小、多少、长短、高矮、胖瘦、颜色、分类、形状、部分和整体、听触觉、社会、空间结构等方面的启蒙认知设计（图20）。

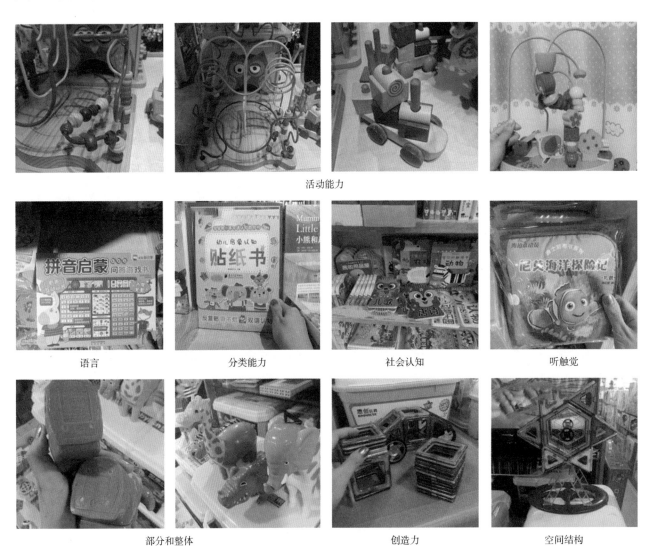

图20　0～3岁儿童启蒙认知产品调研

· "让文物动起来" 儿童历史百科交互设计

　　面向儿童介绍博物馆中的传统文物，围绕中国古代青铜器、古代服饰、茶文化（图21）、传统纹样、古乐器、三星堆文明以及良渚文化等方面挖掘儿童的大量需求。一方面，可以沿着中国的文物历史线进行聚焦，从旧石器时代开始，到新石器时代的裴李岗文化、磁山文化、仰韶文化、河姆渡文化、龙山文化、良渚文化、红山文化、马家窑文化的陶器，商周时期的青铜器，汉代的画像石、画像砖、漆器、陶瓷（图22）等；另一方面，可以按照内容类别进行聚焦，如古代青铜器、古代服饰、古代书画、古代玉器、古代建筑、古代音乐、古代运动、古代饮食文化、古代茶文化等。通过交互设计手段及媒介，让这些传统文化"活"起来！

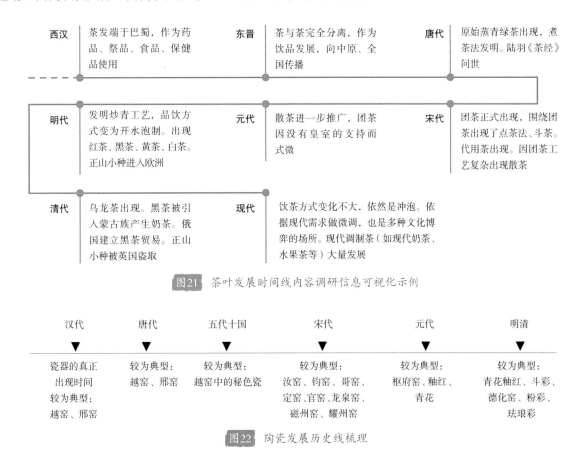

图21　茶叶发展时间线内容调研信息可视化示例

图22　陶瓷发展历史线梳理

· "你知道吗？" 儿童科普百科交互设计

　　这个设计主题内容源自陪伴女儿过程中，与她聊天时她的一系列发问。她的肚子里就住着十万个为什么。

大人们喝的茶是药吗？　　　　水果们的妈妈都是谁？　　　　为什么有的食物吃了会让我痒痒？

单词ABC是什么？　　　　　　古琴到底有几根弦？　　　　　牙齿里是否住着牙细菌？

大人为什么要练瑜伽？　　　　三星堆是个土堆吗？　　　　　我们为什么会感觉到疼痛？

我们试图以交互设计的手段来回答这些问题，给儿童传递科普信息，让儿童经常问的一些常识"活"起来！笔者通过设计内容主题的头脑风暴，把科普百科的内容发散成十多个主题内容方向，通过交互设计手段的介入，站在儿童的视角，为其提供更好的科普百科体验。内容可以聚焦如下话题。

（1）它们是怎么工作的？

各式各样的令生活更加轻松的现代工具和发明。汽车是怎么跑起来的？飞机是怎么飞的？洗衣机为什么会把衣服洗干净？高压锅为什么会把食物焖熟？空气净化器为什么会把空气变干净？抽水马桶里住着大力水手吗？

（2）我们是谁？

什么是家庭、社会？大人为什么要开会？我们吃什么、玩什么、怎么学习？人类如何相处？人为什么会快乐、难过、生气？我们为什么会怕黑？……

（3）有趣的形状和数字。

为什么我眼中的数字是五颜六色的呢？（我觉得3是一只会呼吸的小动物，我觉得5是绿色的数学启蒙）为什么有各式各样的形状？为什么数字是有逻辑的？常见的几何图形有哪些？……

（4）奇妙的植物。

植物们有妈妈吗？白果为什么那么臭？吃什么样的蘑菇会中毒？苍耳子为什么喜欢"搭顺风车"？为什么花瓶里的花没有土也能活？花都是香的吗？没有蜜蜂授粉的花怎么繁衍后代？植物会吃肉吗？为什么大部分植物都是绿色的？植物和动物能沟通吗？叶子掉下来植物会痛吗？为什么有的植物喜欢吃虫子？为什么树木的树干是圆的？为什么有的树开花，有的不开？……

（5）神奇的动物。

鱼是怎么睡觉的？鱼为什么有鳞片，为什么不长毛？有可以飞的鱼吗？小鱼为什么喜欢在一起？蝌蚪怎么变成青蛙？毛毛虫怎么进化成蝴蝶？毒蛇被毒蛇咬会被毒死吗？蜜蜂家族的分工制度是什么？一胎只生一个崽的动物有哪些？螳螂为什么会吃掉伴侣？蚌是怎么产生珍珠的？寄居蟹是怎么寄居的？有没有会生孩子的动物爸爸？有没有会变色的动物？有没有奇异的动物？恐龙为什么灭绝了？鱼类、鸟类、哺乳动物、濒危动物、爬行动物是怎么分类的？萤火虫的灯光会被吹灭吗？所有孔雀都可以开屏吗？海豚会聊天吗，都在聊什么？为什么鸟会飞？马的蹄子有什么用？动物是怎么交朋友的？蟋蟀是用嘴巴唱歌吗？海豚为什么要跳出水面？兔子的眼睛为什么是红色？为什么猫从高处落地不会受伤？企鹅没有厚厚的毛，但是为什么不怕冷？章鱼怎么会有三个心脏？为什么河豚会膨胀？……

（6）宇宙探秘。

宇宙密码：太阳、月亮、太阳系、恒星、天体、化石的秘密……

为什么星星会一闪一闪？为什么一些星座只有一些季节才出现？月亮身上的黑斑是什么？为什么月球会有月相变化？为什么月亮总是一直面对着地球？

地球密码：海洋、湖泊、天气、保护地球……

为什么地球仪是斜着的？为什么地球会有四季变化？火山为什么会爆发？海洋到底有多深？雪是怎么形成的？海水为什么是咸咸的？地球真的会毁灭吗？

光的秘密：光的来源、光的折射、光谱、光反射与人眼……

光是从哪里来的？为什么抓不住光？光为什么"辣"眼睛？阳光照在身上为什么会暖暖的？

声的秘密：声的传播和反射，海豚、蝙蝠等动物的声呐系统……

电与磁场：静电，用电安全，信鸽的秘密，电与磁的关系，我们是被引力吸附在地球表面的……

古代生物的生活：食肉龙的狩猎，海洋霸权，天空霸权，以及恐龙灭绝的猜测……

自然环境：多样的土地颜色，土地里含有的元素，土地对种植的影响……

科幻探索：外星人的秘密、埃及金字塔之谜、麦田怪圈之谜、神农架野人的秘密……

交互设计思维是一种解决问题的思考方式，它强调从用户的角度出发，理解他们的需求和行为，并以此为基础设计交互产品。交互设计思维可以帮助设计师更好地理解用户的需求，创造出更符合用户行为习惯和期望的产品，从而提高产品的易用性和用户体验。

第1章 交互设计思维

1.1 走进交互设计

随着科学技术的日新月异，新的智能交互产品的增多，用户对产品的认知发生了变化，用户与产品之间的交流方式就显得尤为重要。在此基础上，交互设计作为一门学科诞生了，并在当今扮演了越来越重要的角色。环顾周围的世界，我们似乎被各式各样的交互产品包围。

想一想普通的一天中，我们到底经历了一些什么样的交互产品：早上我们有可能被闹钟叫醒，也有可能被手机闹铃叫醒，还有可能被小米、百度等智能音箱自动播放的晨起音乐叫醒；爬起床，奔向卫生间，智能马桶开始自清洁模式或者提前进入自预热模式来驱散冬日清晨的寒冷；洗漱时拿起电动牙刷，一边刷牙，一边享受电动牙刷播放的美妙音乐，放下牙刷，洗手池自动感应出水；洗漱完毕，选择电饼铛的预热模式，给自己热了一张煎饼，打开自动咖啡机，按下咖啡机面板上的按钮，咖啡机自动打磨出一杯香醇的拿铁，一边喝着提神醒脑的咖啡，一边享受美味的早餐，此间再打开手机博雅应用程序（App）新闻听最近发生的国内外新闻；早餐完毕，在智能试衣镜中选一套适合今天出行的衣服和配饰；出门拿起包和手机，使用手机NFC刷卡乘坐公共交通出行……从早上一睁眼开始，我们被各式各样的产品交互行为包围，在这些典型情境中，每个人每天都要和很多产品产生"交互"，交互设计无处不在。

我们在享受良好的交互设计提供的便利服务时，同时也在经历着不好的交互设计带来的操控：当我们丢失银行卡，用电话挂失自己的银行账户，被喋喋不休的录音提示如何操作而心情烦躁得想挂掉电话时；当我们到达某一个新城市，不知道如何在自动售票机上购买单次地铁票而尴尬时；当智能指纹锁因为手指皮肤干燥而失效，怎么都打不开房门而抓狂时；当我们打开某个文档，用电脑无线连接打印机，但打印机没任何反应而苦恼时……交互产品的好坏可以影响我们日常的情绪，我们与产品之间交互体验的质量又会作用于产品的商业价值。

交互设计正悄悄深入我们的生活，改变我们的生活，各种智能设备的问世也使交互设计变得越来越重要，好的交互设计师能让用户与产品之间的沟通变得更加顺畅、随心所欲。因此，走进交互设计、认识交互设计也变得和我们每个人息息相关，交互设计不应该是"精英式"的，更应该是"傻瓜式"的，去追求一种更"本能"的简单操作，它应该像吃饭穿衣一样简单。

交互设计的发展离不开互联网的发展，人们使用互联网与系统进行交互基本经历了四个阶段：被动、主动接收信息阶段（链接导航、搜索）— 发布信息阶段 [聊天室、网络论坛（BBS）、博客] — 以人为中心发布信息阶段（微博、轻博）— 人即信息阶段（移动互联网）。现如今我们已经进入人即信息的阶段，如地图类、打车类、外卖类、购物类软件能随时通过我们携带的手机定位获取我们的地理位置信息，我们的个人信息也可以通过我们的指纹或脸部特征识别获得（图1-1）。

在没有智能手机的年代，钱包，钥匙、公交卡是出门三样必需品。然而，随着互联网的普及，人们出门拿钱包、带钥匙、挂公交卡、装银行卡的时代正在逐渐消失，取而代之的是手机，正如我们出门必须穿衣服一样，手机变成了我们出门的必需品，手机购物、乘坐公共交通工具已经成为现代生活的必然场景。现阶段，我们进入了人即信息的时代，刷脸支付越来越普及，在不远的未来，我们是不是带着自己出门就行了？

正因为人们使用互联网与系统进行交互的形式发生了变化，我们与产品之间的交互媒介也趋于无形，交互设计也变得越来越自然化、直觉化、情感化。交互设计人员应该具备将事物简明扼要且清晰明了地展现出来的能力，而非仅仅解决各种问题，最终将这些交互"翻译"成人性化、情绪化和功能性的表达，避免人们的生活被不好的交互设计操控。

被动、主动接收信息
链接导航、搜索：文字、图片
▼
发布信息
聊天室、BBS、博客：图片、视频
▼
以人为中心发布信息
微博、轻博：图片、视频
▼
人即信息
移动互联网：个人、位置信息

图1-1 互联网的发展

1.2 什么是交互设计

交互设计由艾迪奥（IDEO）的一位创始人比尔·莫格里奇（Bill Moggridge）在1984年的一次设计会议上首次提出，他开始给它命名为"软面（soft face）"，后来更名为"交互设计（interaction design）"，定义为对产品的使用行为、任务流程和信息架构的设计，它的目的是实现技术的可用性、可读性，为用户带来愉悦感。

维诺格拉德（Winnogard）（1997）把交互设计描述为"人类交流和交互空间的设计"。

德·梦（De Dream）认为交互设计这项技术能够使产品更加易于使用、有效且令人愉悦。

国际交互设计协会第一任主席赖曼（Reimann）将交互设计定义为：交互设计是定义人工制品（设计客体）、环境和系统的行为的设计。

辛向阳教授在《交互设计：从物理逻辑到行为逻辑》一文中提出，交互设计，设计的是人的行为，以用户的目标为导向，强调用户体验，用符合人的认知和行为习惯的行为逻辑来设计人与产品之间的操作和互动流程。

在很多专业性书籍中，不同书籍对交互设计给出了不同定义。

交互设计之父艾伦·库伯（Alan Copper）在《About Face：交互设计精髓》中提到，交互设计是在设计交互式数字产品、环境、系统和服务的过程中的实践，聚焦于如何设计行为。

《交互设计原理》一书中指出，交互设计是对交互式数字产品、环境、系统和服务的设计，定义人造物的行为方式，即人工制品在特定场景下的反应。

海伦·夏普（Helen Sharp）等在《交互设计：超越人机交互》一书中指出：设计交互式产品来支持人们在日常工作、生活中交流和交互的方式，创造用户体验以丰富人们工作、生活以及通信的方式，聚焦在实践上，即怎样设计用户体验。

唐纳德·诺曼（Donald Norman）在《设计心理学》中指出，交互设计超越了传统意义上的产品设计，是用户在使用产品过程中，人和产品之间因为双向信息交流所带来的可以感受到的一种体验，具有很强的情感成分。好的交互设计能让用户"下意识"知道如何使用一个产品，这种下意识在诺曼看来是一种模式匹配的过程。

丹·赛弗（Dan Saffer）在《交互设计指南》中认为交互是两个主体之间的行为，通常涉及信息交换，还可以包括实体或服务的交换。交互设计就是为各种可能发生的交互进行交互方式上的设计。交互发生在人、机器、系统之间，存在各种不同组合。

乔恩·科尔克（Jon Kolko）在《交互设计沉思录》一书中指出，所谓交互设计，是指在人与产品、服务或系统之间创建一系列对话。这种对话几乎不为人察觉，发生在日常生活的细枝末节中。

吉利恩·克兰普顿·史密斯（Gillian Crampton Smith）在《交互设计》（*Designing Interaction*）一书中指出，交互设计是通过数字人造物来描述人的日常生活。

支付宝AUX团队在《支付宝体验设计精髓》一书中指出，交互设计更像是一个有产品思想的需求翻译，在整个项目组中建立一座桥梁，在沟通与解决问题的过程中还要不断遇见问题、定义问题，进行设计的前置，走到用户面前，倾听用户，观察用户，帮助用户，真正做到"以用户为中心"进行设计。

不同学者对交互设计的定义各不相同，那到底什么是交互设计呢？

交互设计中可能牵涉到产品，但它又不是传统的产品设计，虽然有硬件和软件，但也不完全是计算机科学，虽然用到了交流设计工具，但也不是交流设计。交互设计是交叉的，通俗来讲就是用户和产品之间的对话设计，交互设计主要关注用户的行为，任何产品只要涉及用户行为，都可能需要交互设计的参与。

交互（interaction）可以拆分为互相（inter-）和动作（action），也就是说了解用户的期望、设计相应的交互行为，让用户与产品有效地沟通。

因此，笔者认为交互设计是人与物、人与环境、人与有形界面（软件或实物）或无形介质之间的沟通，目标是构建人与产品或系统之间愉悦、和谐的关系。好的交互设计一般有输入端，然后通过介质进行转译，系统识别后进行运算，把系统运算得到的结果通过介质反馈给用户，其中包括可感知部分和不可感知部分，可感知部分是输入和反馈，不可感知部分在系统内部进行运算，用户并不需要内部运算的复杂过程。因此，一个好的交互设计，一定具备用户输入的部分和系统给予用户的反馈（图1-2）。

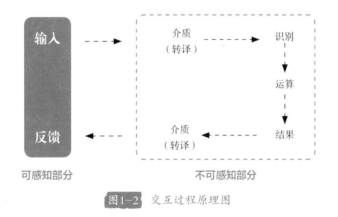

图1-2 交互过程原理图

可以说，交互设计是一种思维，是一种方法论：通过一定的研究和方法，让产品的实现形态接近用户的心智模型，让用户有效快速地完成目标。这种方法用在硬件里，就是产品设计的易用性、可用性；用在软件里，可以作用于用户体验和用户界面（UI）设计；用在服务里，就是服务设计的一部分。

在设计史上曾经争论不休的一个话题是，到底形式追随功能，还是功能追随形式。其实好的产品是形式与功能的完美契合，如此才能相得益彰，给用户带来感人至深的体验。在交互设计领域耕耘十几年，笔者经常会被学生问得最多的一个话题就是：是交互追随内容，还是内容追随交互？有时候内容很精彩，可是也要实现很好的交互体验，经常学生时代会为了好的交互体验而丢失了好的内容，或者专注在内容呈现本身，而给用户不好的交互体验。

因此，一方面，内容是交互设计的基础。在设计中，首先需要确定产品的主题和功能，然后根据这些主题和功能确定相应的内容。交互设计需要根据内容的特性和要求，设计出符合用户需求和习惯的交互方式。另一方面，交互设计也影响着内容的表现和传递。交互设计可以通过不同的交互方式和界面设计，来优化内容的呈现和用户体验。例如，通过合理的布局和排版，可以使内容更加易于理解和接受；通过有趣的动画和交互效果，可以增强内容的吸引力和趣味性。

一个好的交互设计一定是基于用户、场景、内容的设计，交互仅仅是一种工具和手段，任何脱离了用户、场景、内容的交互都犹如空中楼阁（图1-3）。

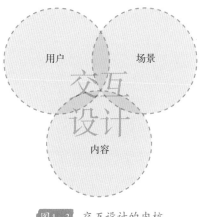

图1-3 交互设计的内核

1.3 相关概念

UI

UI指的是用户界面（user interface），是用户与软件应用程序之间的交互媒介。它包括用户在屏幕上看到和与之交互的所有元素，如按钮、菜单、图标、文本、图像等。UI设计的主要目标是创建视觉吸引人、直观、易用的界面，以提升用户体验。北京服装学院创作的《茶斋之旅》和《三星堆小记者》概念App界面就属于平板电脑端的用户界面（图1-4、图1-5）。

图1-4 《茶斋之旅》概念App界面
（姚翼泽、吴圣浩、齐宏、柳硕达、何颖娴）

UE/UX

UE/UX指的是用户体验（user experience），是指用户在与产品、服务或系统进行交互时所产生的感受、情感和态度。用户体验这个词最早由唐纳德·诺曼（Donald Norman）提出和推广，是用户在使用一个产品

图1-5 《三星堆小记者》概念App界面
（王耀、杨浩冉、周瑞旸、许阳阳）

或系统之前、使用期间和使用之后的全部感受，包括情感、信仰、喜好、认知印象、生理和心理反应、行为和成就等各个方面。通俗来讲就是"这个东西好不好用，用起来方不方便"。

用户体验设计主要包括五要素：战略层、范围层、结构层、框架层、表现层。战略层主要获得产品定位、产品目标和用户需求，范围层主要获得产品功能和需求列表，结构层主要实现产品信息架构和内容设计，框架层主要实现信息设计、导航设计和低保真原型，表现层主要设定视觉设计规范、高保真原型、交互动效设计等（图1-6）。

图1-6 用户体验设计五要素

IxD 与 ID

IxD指的是交互设计（interaction design），专注于设计用户与产品、服务或系统之间的交互方式和体验。它关注用户在使用产品时的行为，目的是使这些交互变得更加顺畅、直观和有效，从而提升用户体验。

ID指的是工业设计（industrial design），是一种交叉的跨学科的创造性活动，目的是设计满足用户实际需求的、可用于大批量生产的产品。工业设计不仅仅涵盖传统的产品设计，也可以涉及系统设计、服务设计、用户界面设计等领域。

CLI/GUI/NUI/OUI

随着交互设计的方式发生变化，用户界面设计也在不断演变，最早用户通过命令行界面（CLI）与计算机系统进行交互，苹果Mac系统问世后，人类主要依靠图形用户界面（GUI）与系统进行交互，苹果公司Vision

Pro的到来，提供了声控和手势控制等，交互方式向自然用户界面（NUI）逐步迈进，随着柔性屏幕逐渐进入市场，有机用户界面（OUI）成为可能（图1-7）。

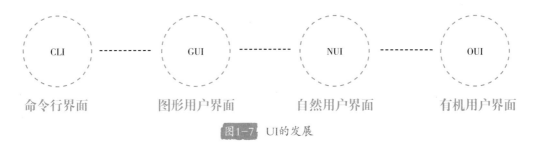

图1-7 UI的发展

CLI指的是命令行界面（command line interface），是在图形用户界面普及之前使用最为广泛的用户界面，以键盘敲命令的方式为输入源，计算机接收到指令后执行。CLI在程序员群体中仍然是使用非常广泛的一种UI交互方式。

GUI指的是图形用户界面（graphical user interface），是指用户通过图形元素（如图标、窗口、菜单等）与计算机、软件或数字设备进行交互，它改进了早期计算机的命令行界面，让用户可以更加直观地从视觉上接收信息。

NUI指的是自然用户界面（natural user interface），是指人与物、环境、系统之间的交互变得更加自然、直观和无缝。它提供了更直观和便捷、更人性化的用户体验，使用户与产品之间的交互更加无缝和自然，也为未来交互技术的发展开辟了更广阔的空间。

OUI指的是有机用户界面（organic user interface），是一种基于柔性显示技术的UI交互形式，在OUI中，输入是通过直接的物理手势提供的，而不是通过间接的点击控制。"有机"指的是采用自然形态来设计更符合人类生态的设计。

HCI/HCD

HCI指的是人机交互（human computer interaction），研究用户与系统之间的交互关系，更侧重于计算机科学，很多高校把这个学科方向放在计算机学院。早期的人机交互领域专注于研究人与计算机之间的交互，如今，人机交互的形式扩展到任何形式的媒介，不仅仅局限于单一的计算机图形界面。人机交互结合了计算机科学、人因工程学、认知科学等多学科专业知识和研究方法，探索人如何与科技进行互动。

HCD指的是以人为本的设计（human centered design），是一种交互系统的开发和设计方法，旨在利用人机交互技术或知识关注用户及其需求，使交互系统变得更可用和易用。这种方法可提高有效性和效率，增进人类的福祉，提高用户满意度，具有较高的可用性和可持续性。

UCD

UCD指的是以用户为中心的设计（user-centered design），是在设计过程中以用户体验为设计决策的中心，强调用户优先的设计模式，即强调在开发产品的每一个环节，都要把用户纳入考虑范围（图1-8）。UCD是一个持续迭代的过程，一般分为4个阶段：

（1）进行用户调研，了解用户的使用情境。

（2）对调研进行分析，探索得到特定用户的需求。

（3）根据用户需求，产品和设计开发团队设计解决方案。

（4）根据用户的使用情境和需求，对方案进行评估，检验设计方案的有效性。

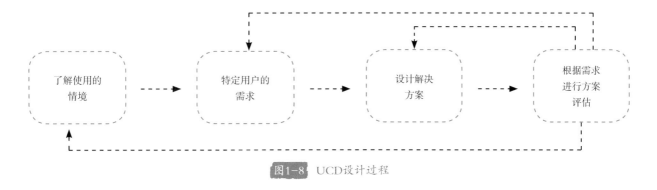

图1-8 UCD设计过程

SD/PSSD

SD指的是服务设计（service design），是以用户为中心、协同多方利益相关者，通过人员、环境、设施、信息等要素的创新与综合集成，实现服务提供、流程、触点的系统创新，从而提升服务体验、效率和价值的一种设计活动。

PSSD指的是产品服务系统设计（product service system design），主要是针对产品服务系统涉及的战略、概念、产品、管理、流程、服务、使用、回收等各个方面进行系统性的设计。产品服务系统（product service system，PSS）是一个由产品、服务、参与者网络及基础设施组成的系统，用于满足顾客需求，而且具有比传统商业模式更少的环境。PSS概念的提出，其初衷是"可持续的消费"，明确将"减少环境危害"作为PSS的目标。

1.4　交互设计的组成

从交互设计的定义可以看出，交互设计可能牵涉到硬件，也可能牵涉到软件，还可能包含人、物、系统、环境之间的各种交互关系，因此，交互设计被视为许多学科领域的研究方法基础，具有跨学科融合的属性。海伦·夏普在《交互设计：超越人机交互》一书中，将交互设计视为许多学科、领域以及研究和设计计算机系统的方法的基础，他绘制了一张与交互设计相关的各个学科、设计实践和跨学科领域之间的关系图（图1-9）。

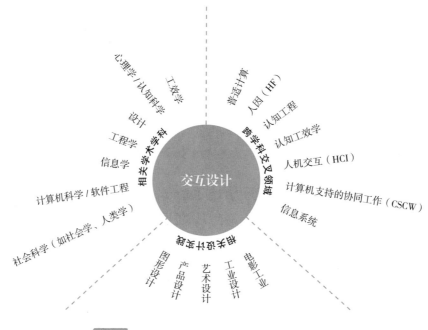

图1-9　海伦·夏普的交互设计学科关系图

毕业于卡内基·梅隆大学的交互设计师,《交互设计指南》的作者丹·赛弗(Dan Saffer)专门绘制了一张学科关系图来说明交互设计与用户体验、工业设计、视觉设计、心理学等诸多学科的关系(图1-10)。笔者认为交互设计具有跨学科和多层次的特征,它是以构建和谐、愉悦的用户体验为目标,涵盖用户研究、信息架构设计、工业设计、认知心理学、人机工程学、可用性工程、用户研究、服务设计、信息设计、动画和视觉设计等多学科的综合实践领域。

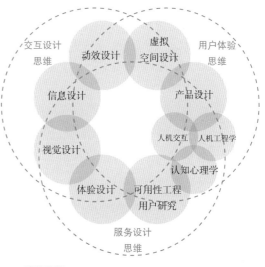

图1-10 丹·赛弗的交互设计学科关系图

基于海伦·夏普和丹·赛弗绘制的学科关系图,笔者根据多年交互设计实践经历和体会,也绘制了一个关系图表,对交互设计、服务设计、用户体验之间的关系进行了更新(图1-11)。交互设计是从人与物、环境、系统之间的交互关系的角度探讨交互的逻辑和思维,用户体验是以用户的体验和感受为目标探讨用户思维,服务设计是从人、物、系统、环境、利益相关者等角度探讨服务思维。

图1-11 笔者绘制的交互设计学科关系图

1.5 交互设计五要素

交互设计是以设计一系列人的行为为核心的学科,主要探索人、物、系统、环境之间的交互关系。交互设计的目标是产品易用、有效并令人愉悦,它致力于了解目标用户的行为和他们的需求,了解用户在什么场景下,基于什么样的媒介,与产品交互时的行为,最后以什么样的产品目标、定位及核心功能来满足用户的需求。因此,交互设计包括用户、行为、目标、场景及媒介五个要素(图1-12)。

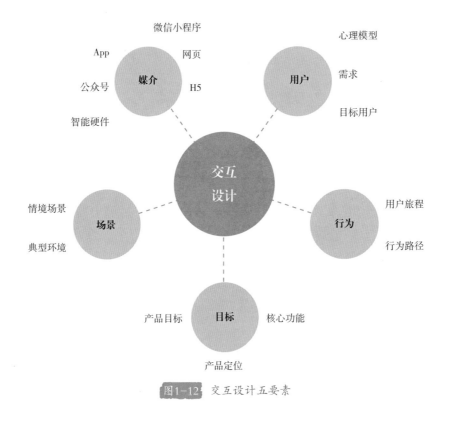

微信小程序

App　　　　网页

公众号　　媒介　　　H5

智能硬件

心理模型

用户　　需求

目标用户

交互
设计

情境场景

场景

典型环境

行为

用户旅程

行为路径

产品目标　目标　核心功能

产品定位

图1-12　交互设计五要素

用户

在确定产品立项后，首先应进行用户研究，了解产品的目标用户是谁，目标用户有什么样的需求，他们的心理模型是什么。可以从不同渠道收集目标用户的需求、筛选需求、确定需求优先级，确保需求具有真实性及有效性。

行为

交互设计的行为研究是更深层次的用户研究，在了解目标用户的需求和心理模型之后，交互设计师需要研究用户的行为路径，通过5W1H[①]、观察法、任务分析法、用户访谈法、用户旅程图、同理心地图、用户画像、情境场景剧本等工具，对用户的行为方式及路径进行预判，从中找出可以创新或优化的环节，为用户带来更好的交互体验。

---

① 5W1H即When（何时）、Where（何地）、Why（原因）、Who（用户）、What（事件）、How（如何）。

█ 目标

经过前期的用户研究及用户行为路径预判之后，可以得出用户的需求列表，确定产品的需求层次及重要等级，可以优先选择用户的核心痛点需求来确定交互设计的产品目标，同时产品目标决定了交互产品的核心功能和产品定位，目标的实现决定了交互设计已达到预期。

█ 场景

研究用户的典型场景有助于帮助设计师站在用户角度进行思考，设身处地为用户着想，建立用户的同理心，这样能更全面地分析用户的痛点需求。典型的情境场景决定了场景中的用户行为，交互设计师通过对用户典型场景的研究，可以预判用户的行为路径及趋势，提前解决用户行为隐含的潜在需求，从而使产品的交互体验得到进一步的创新或优化。

█ 媒介

媒介可以理解为产品的实现形式，是用户与产品之间沟通及传播的桥梁，这种交互的媒介有可能是App、微信小程序、网页、H5❶、公众号、智能硬件等，承载人与产品之间的介质可以是产品界面、数字界面、自然界面及有机界面。不同传播媒介及承载介质有不同的特点和不同的设计规则及要求，设计师需要根据用户需求的特点选择合适的媒介来实现产品目标。

1.6 交互设计流程

从项目准备立项开始，交互设计几乎渗透到调研与提案、需求分析、方案设计、实现与验证等项目开发的全部环节，在产品设计的每一个环节，其实都离不开每一个角色，即产品、运营、调研、交互、视觉、前端、开发、测试的通力配合与努力。在交互设计环节，需要了解产品的定位，产品的用户是哪部分群体，这部分群体有什么特点和属性，产品如果有竞品，需要对竞品进行分析，确定产品目标和核心竞争力。通过对选题方

---

❶　H5即互联网端展示页面。

向、背景、内容、用户、市场等方面进行分析，获得用户的需求，从而转化为产品的功能，进行产品的方案设计，最终实现产品开发与验证（图1-13）。

交互设计流程	调研与提案 >	需求分析 >	方案设计 >	实现与验证
	选题方向调研	产品目标	视觉界面设计	设计评审
	背景调研	核心功能	纸原型	与开发人员沟通实现
	内容调研	竞争力	低保真原型	测试环境 UI 走查
	用户调研	用户使用场景	高保真原型	设计调整
	市场调研	信息架构	动效演示原型	设计验证迭代
使用工具方法	● 5W1H 法	● 用户旅程图	● 纸面原型	● A/B 测试
	● 问卷法	● 情境场景剧本	● Sketch	● 可用性测试
	● 观察法	● 同理心地图	● Principle	● 专家评估
	● 任务分析法	● 用户画像	● Adobe After Effects	● 测试 host
	● 用户访谈法	● 故事板	● MasterGo	● BI 数据平台
	● SWOT 分析法❶	● 竞品分析	● Figma	

图1-13 交互设计流程

调研与提案

在调研与提案阶段，交互设计师可以首先配合产品经理进行选题方向、背景、内容、用户及市场等方面的调研，得到对于产品方向的初步认识，然后可以采用5W1H、任务分析、观察、问卷、用户访谈等工具方法对产品方向可能涉及的目标用户进行调研，了解目标用户的痛点和可能存在的需求，同时初步确定产品可能要达到的目标。

需求分析

在需求分析阶段，交互设计师可以使用同理心地图、用户画像、竞品分析、情境场景剧本、用户旅程图、

---

❶ SWOT分析法即strength（优势）、weakness（劣势）、opportunity（机会）、threat（威胁）。

故事板等工具方法分析用户典型使用场景、产品痛点及核心竞争力，并配合产品经理一起确定产品目标及设计定位，撰写初步产品需求文档，确定产品核心功能及信息架构。

方案设计

在方案设计阶段，交互设计师需要根据用户画像和产品使用场景判断需求有无改进之处，逻辑框架、交互是否合理，可以使用纸面原型、Sketch、MaterGo、Figma、Adobe XD等工具绘制产品的低保真原型，确认体验流程与页面中全部内容，梳理页面信息层级，设计页面结构，根据信息架构建立页面的层级系统。确定了最适合于需求的页面层级系统后，进行产品视觉界面设计，建立产品视觉设计规范，并专注于产品的整体视觉和视觉细节，细化交互状态、动效设计，可以使用Adobe After Effects、Sketch、Figma、Principle等设计高保真原型或动效演示原型，最终撰写交互说明文档或动画说明书提交给开发人员。

实现与验证

在实现与验证阶段，交互设计师需要基于用户视角检查整体体验与流程，与专家或者整个团队一起进行设计评审，以及专家评估、A/B测试或可用性测试。确定最终设计稿后，向开发人员详细讲解设计稿，尤其要讲清楚设计稿中的交互、动效与视觉细节。待产品开发完成后，要进行充分的测试环境UI走查，理解开发的思维逻辑，记录出现的问题，使用商业智能（BI）数据平台收集一些有用的数据进行分析，予以设计调整，最终完成设计的验证与进一步迭代。

1.7 交互设计师的工作及素养

交互设计师的工作

随着互联网的飞速发展，一批又一批的互联网企业崛起，传统企业也在寻找数字化转型之路，越来越多的企业设置了交互设计师或者兼具交互设计工作的视觉设计师岗位。互联网公司经常由产品经理或市场部门提出需求，交互设计师的前期工作是从产品需求及功能逻辑入手，基于对用户的行为分析等理解，为产品设计一个尽量接近用户对产品运行方式理解的概念模型，进行信息架构分析和交互流程分析，设计一套完整的产品交互模型，并撰写交互说明文档（图1-14）。

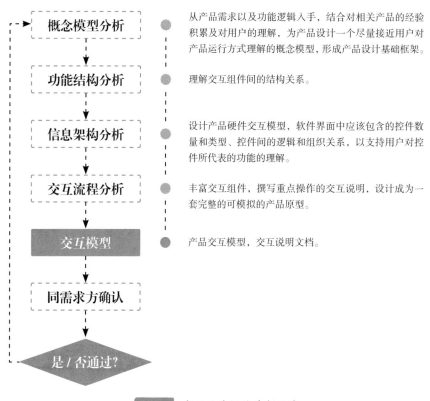

从产品需求以及功能逻辑入手，结合对相关产品的经验积累及对用户的理解，为产品设计一个尽量接近用户对产品运行方式理解的概念模型，形成产品设计基础框架。

理解交互组件间的结构关系。

设计产品硬件交互模型，软件界面中应该包含的控件数量和类型、控件间的逻辑和组织关系，以支持用户对控件所代表的功能的理解。

丰富交互组件，撰写重点操作的交互说明，设计成为一套完整的可模拟的产品原型。

产品交互模型，交互说明文档。

图1-14 交互设计师的前期工作

交付了交互说明文档之后，交互设计师的后期工作，一方面是结合产品交互模型的框架，安排视觉设计师进行视觉设计，得到高保真原型；另一方面是与开发工程师协商、沟通，辅助开发工程师对产品功能正确理解，进行后续的程序开发（图1-15）。

一般来说，移动终端的互联网产品开发由各个不同岗位的同事协作完成，若以用户体验设计五要素来拆分，可以把产品的思维框架分为战略层、范围层、结构层、框架层、表现层五个层次。产品经理主要把控产品全流程的设计进程，体验设计师主要负责产品从范围层开始的4个层次工作，视觉设计师主要负责产品表现层的工作，交互设计师主要负责产品结构层和框架层的工作，内容包括信息架构、站点地图、流程图、用户体验地图、导航设计、信息设计、低保真原型、A/B测试、可用性测试等，交付物主要是产品信息架构和交互说明文档（图1-16）。

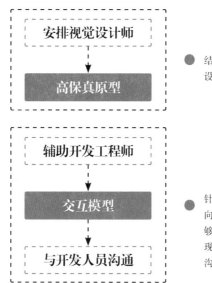

● 结合产品交互模型的框架，安排视觉设计师进行产品视觉设计。

● 针对产品交互模型，交互说明文档，向开发工程师说明，使开发工程师能够对产品功能正确理解；针对难以实现的交互功能，与开发工程师协商、沟通。

图1-15 交互设计师的后期工作

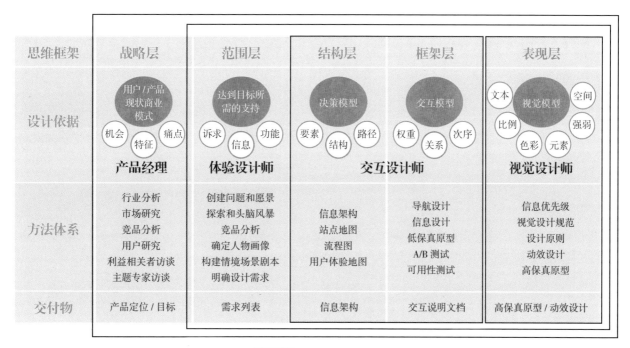

图1-16 交互设计体系图

39

交互设计师的素养

从交互设计体系图可以看出，大多数交互设计师都需要掌握用户研究、交互设计、信息架构的工作，包括绘制信息架构图、把用户需求转化成低保真线框图、开展可用性研究等。除了必需的视觉表达能力和绘画技巧外，设计、文档写作、编程思路、设计心理学和用户研究方法等基础也是需要具备的。从工作本质上看，交互设计师应该是具备交叉性学科的综合型人才，懂设计、会画图、善于表达、会使用一些技术工具等，具体来说，交互设计师需要具备脑、眼、耳、嘴、手这几大块的技能和素养。

·脑：洞察和思辨

设计师的洞察力和思辨力是工作中至关重要的能力。设计师需要通过与用户的互动和研究，理解用户的需求、偏好和行为模式，把握市场趋势和竞争环境，以及考虑社会、文化和技术的因素。这种洞察力在帮助设计师创造新的产品、服务或体验的同时，能够更好地满足用户的期望和需求，以及将这些洞察融入设计过程中。

设计师还需要运用思辨力来理解用户的情感、动机和期望。同时，需要运用批判性思维来评估和分析设计选择的优劣，挑战常规思维，并提出改进和创新的建议。通过对用户的洞察和思辨，设计师能够创造出更有意义和有用的设计解决方案。

·眼：观察和眼界

设计师要带着发现美的眼睛，具备敏锐和细微的观察力，因为很多好的设计都源于对生活细致入微的观察。同时，设计师要拓宽眼界，养成阅读习惯和学习习惯，关注设计领域的最新趋势和发展动态，并保持对各个领域的兴趣和关注，从不同的文化和艺术表达中汲取灵感，融入自己的设计中。

·耳：倾听和接收

交互设计师不仅要学会倾听同事们的建议和意见，更需要倾听用户的"心声"，只有倾听和接收足够的需求和建议，才可以不断完善和改善用户的交互体验。此外，交互设计师的倾听不是单纯接收，还需要理解和分析需求方真正的意图，不可一味接受而不分析，只有真正理解用户和上下游的需求才可以进一步优化设计方案。

·嘴：沟通和表达

交互设计师对上游需要理解产品经理对产品的战略计划和核心需求，对下游需要把产品功能和交互流程与程序员或视觉设计师对接清晰，靠一己之力就能完成的事情已经越来越少，因此沟通能力显得至关重要。同时，设计师还应具备清晰、准确表达设计理念、创意和想法的能力，能够用简洁明了的语言向客户、团队成员或利益相关者解释和阐述设计概念。

·手：专业和技能

交互设计师需要掌握最基础的原型设计工具（Sketch或MasterGo、Figma等）、设计软件（Illustrator或Photoshop平面设计、After Effects动效设计等）、用户研究方法（同理心地图、用户画像、情境场景剧本、用户旅程图等）和文档工具（思维导图、文档编辑、数据分析、演示文稿报告）等技能。同时，设计师还具备产品思维、用户思维等系统设计思维方法，能应用很好的逻辑思维讲好产品故事。

除了以上谈到的交互设计师的素养，作为一个设计师，最重要的一点就是拥有积极、乐观、向上的人生态度，内心才会充满爱和热情，有了爱和热情，才会用心发现生活中的美，充满好奇心、探索欲、爱心、同理心和创造力，创造出给用户带来美好生活体验和用户真正喜爱的产品。

在进行儿童交互设计时，用户研究是设计时不可或缺的一部分。与成年人不同，儿童交互设计必须考虑到儿童的特点。儿童无论是抽象思维能力、演绎推理能力、逻辑思维能力，还是符号思维能力；都无法与成年人相提并论。这使得设计师与儿童建立共情在设计过程中并不容易。因此，作为儿童交互设计师，需要认识儿童并理解儿童。

　　然而，交互设计师的儿童理论研究只能触及表面。为了更好地理解和支持儿童的成长和发展，我们需要依赖专业的儿童理论研究者，深入了解儿童成长不同阶段的大致共性。通过了解儿童不同年龄阶段的特点，设计师可以更好地理解不同阶段儿童的需求和能力，并在设计过程中更好地满足他们的成长需求。这种深入研究儿童发展的方法能够为设计师提供有价值的洞察力，以便创造出更具吸引力、更有益于儿童成长的交互设计。

第 2 章　儿童友好设计相关理论

2.1 认知发展 / 建构主义理论（让·皮亚杰）

让·皮亚杰（Jean Piaget）是瑞士著名的教育家、儿童心理学家，被誉为心理学史上除弗洛伊德外的另一位"巨人"。他以研究儿童认知发展的理论而闻名于世，并将各类学科相融合，发展出自己的建构主义儿童心理学。他所提出的认知发展理论和道德发展理论详细论述了儿童认知能力及道德水平发展的阶段性，并归纳总结出不同阶段儿童生理、心理所具有的独特特点，他的儿童理论可以帮助设计师理解不同阶段儿童的差异性。通过了解儿童认知结构和发展阶段，可以针对不同阶段的儿童构建更匹配其思维水平和兴趣发展的交互体验，对设计儿童交互产品有非常重要的指导意义。

认知发展的结构

儿童在接触到外界的环境事物的刺激时，会与脑海中已形成的认知结构图式不断进行同化和顺应的循环过程，逐渐建立更为复杂和灵活的认知结构。这个平衡过程促使儿童在认知发展中不断进步，从而逐渐实现认知的成长和成熟（图2-1）。

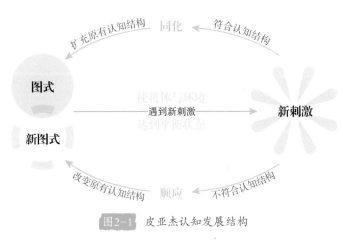

图2-1 皮亚杰认知发展结构

- 图式：是指思想和行为的组织模式。
- 同化：是指把外界元素整合到一个正在形成或已经形成的结构中的过程。
- 顺应：是指同化性的图式或结构受到它所同化的元素的影响而发生改变的过程。
- 平衡：儿童心理发展就是在其与环境的平衡和不平衡的交替中不断构建和完善自己的认知结构。

认知发展的阶段

皮亚杰认为，儿童从出生到成熟的发展过程中，认知结构在与外界环境的顺应和同化中不断重构，表现出不同质的四个阶段，虽然不同儿童会以不同发展速度经历这几个阶段，但都不可能跳过某一发展阶段（图2-2）。

0～2岁	2～7岁	7～11岁	11～16岁
感知运动阶段	前运算阶段	具体运算阶段	形式运算阶段

· 感知运动阶段（0～2岁）·

感知运动阶段的儿童主要探索感知觉与运动之间的关系来获得动作经验，在这些活动中形成了一些低级的行为图式，以适应外部环境并进一步探索外界环境。这一阶段的儿童能力水平仅停留在动作阶段，不具备更多的运算表达能力，发展为后来构成表象知识基础的实际知识，感知运动阶段的儿童主要有以下几个方面的特征。

· **感觉与动作**：探索感知觉和运动之间的关系，建立起与周围环境刺激的初级图式，并从被动反应过渡到主动探究。

· **客体永久性（9～12个月）**：认识到某人或某物即使未在视野内，也依然存在而并未消失，会积极主动寻找，而在此之前，婴儿往往认为不在眼前的事物就不存在了，并且不再去寻找。

· **模仿（12～18个月）**：能够较为精确地模仿对象行为，并逐渐发展出延迟模仿，即模仿对象已不在现场，幼儿仍能够模仿对象之前产生的行为。

· 前运算阶段（2～7岁）·

前运算阶段是语言的开始，是符号功能的开始，他们开始能够应用表象、语言，或较为抽象的符号来代表自己经历过的事物。这一阶段的儿童还不能熟练地进行运算，即在头脑中演绎行为的产生，但在这个阶段，他们会逐渐学习这种能力。前运算阶段的儿童主要有以下几个方面的特征。

· **使用符号**：儿童逐渐发展出对符号的初步理解和使用能力，并使用符号（如单词、图片、手势）来代表具体的对象或事件。

· **泛灵论**：在这个年纪，儿童往往还不能很好地区分自身及外部世界，他们认为万事万物都是有生命的，都有像人类一般的感知、感受、感情。

· **自我中心**：在思维方面，自我中心表现为儿童将自己的感受、需求和想法作为参考点，无法真正理解他人的独立思维和感受。其认为别人眼中的世界和其所看到的世界一样，以为世界是为自己而存在的，一切都围绕着自己转。

· **不可逆性**：尚不能进行抽象的运算思维，进行思维活动时只能单向前进，进行运算时还只能向前推但不能往后退。

· **不守恒性**：还不能认识到物质守恒定律，即无论形态如何变化其总质量是不变的。

图2-2

· 具体运算阶段（7～11岁）·

具体运算阶段的儿童开始接受学校教育，出现了最初的运算，获得了长度、体积、重量和面积等方面的守恒，能凭借具体事物或从具体事物中获得的表象进行逻辑思维。但他们还是要建立在物体上进行运算，不能在语言表达的假设上进行运算。此时已有分类运算、序列运算、数概念的建构、空间和时间的运算，以及所有初步逻辑的类和关系，初步的数学、几何，甚至初步的物理的逻辑的基本运算概念。具体运算阶段的儿童主要有以下几个方面的特征。

· **去中心化**：儿童的思维模式逐渐从自我中心论转向合作和考虑他人的思维方式。这种转变反映了其认知发展的进步，并促进了社会化和集体合作能力的发展。

· **守恒性**：能够认识到物质质量的守恒性。

· **可逆性**：可以进行更为复杂抽象的思维活动，可进可退。

· **数学运算得到发展**：能够开始进行数和量的运算，以及建立分类和排序等关系运算。

· **具象联系**：思维活动和逻辑运算仍需要建立在具体的事物联系上，仅能进行简单的抽象思维。

· 形式运算阶段（11～16岁）·

形式运算阶段的儿童思维已超越了对具体内容或可感知事物的依赖，使形式从内容中解脱出来，达到了形式的或假设演绎的运算水平。他们在这一阶段能够根据假设进行推理，建立新的运算，在命题逻辑上运算，而不是简单地限于类、关系、数的运算，儿童思维运算已经不用完全依赖可感知的具体事物。形式运算阶段的儿童主要有以下几个方面的特征。

· **命题推理**：能够以命题形式进行推理，不必依赖现实或具体的材料。

· **演绎推理**：能够构建及创造假设，通过思维的模拟进行演绎推理。

· **类比推理**：能够理解类比关系，并进行类比推理，表明了该阶段儿童已具备反省性思维，能够通过思维活动构建抽象联系。

· **思维的灵活性**：思维方式更加灵活多变，不再刻板地遵守规则，反而常常打破常规。

图2-2　皮亚杰认知发展阶段

道德发展的阶段

皮亚杰道德发展阶段论是讲述儿童道德理解和判断的发展过程的理论。他的道德发展理论主要基于他对儿童认知发展的观察和研究，强调了儿童在道德思维上的逐渐成熟和进步（图2-3）。

· **无律期（5岁前）**：儿童还没有发展出明确的道德理解和判断。他们的行为主要是出于自我满足。5岁前基本没有任何道德和规则约束力。

· **他律期（5~8岁）**：儿童开始意识到社会规则的存在，并开始理解道德规范的概念。在这个阶段，儿童更容易接受权威制定的标准，并认为其是固定不变的。他们遵守规则主要是为了避免惩罚或获得奖励。

· **自律期（9~11岁）**：开始认识到规则和道德规范的重要性。不再盲从权威和机械性地遵守规则，而是以动机为导向。

· **公正阶段（11岁以后）**：儿童的道德思维逐渐个体化和内化。他们开始独立思考和判断道德问题，会考虑到多个角度和利益。并乐意与主持公平正义，出现利他主义。

图2-3 皮亚杰道德发展阶段

认知发展理论运用

皮亚杰的认知发展理论总结了儿童认知结构形成的过程，以及儿童认知发展和道德发展所经历的不同阶段与特点。对于认知发展结构的研究，有助于理解儿童思维形成和发展的完整过程，同时运用这种模式进行儿童交互产品的设计，正如我们小时候经常会用到的蔬菜、水果、动物分类认知卡片，通过刺激，不断让儿童构建和修改图式来形成和拓展对世界的认知。

皮亚杰对于儿童认知发展进行了不同阶段的划分，并总结出不同阶段的身心发展特点，了解儿童所处的发展阶段及特点能够帮助设计师创造出促进儿童的身心发育的产品。

（1）0~2岁的儿童更多依赖动作去感受跟探知周围环境，并将感知信息与动作行为联系起来，这意味着可以在产品中融入丰富多样的感官刺激元素和互动性体验。例如，在此时期的婴儿摇篮及童车上常挂有的可以抓握并发出声响的吊饰玩具，通过视、听、触觉等元素，使儿童通过感官探索来促进认知的发展。

（2）2~7岁前运算阶段的儿童开始运用符号进行思考和表达，同时常常会有泛灵论思维，认为万物有灵，都像人一样有生命，因此，针对这个年龄段的儿童设计的绘本、卡通动画中常常将各种物品拟人化，适应儿童在这个阶段的思维特点，促进儿童对于产品的使用兴趣。例如，本书中列举的《会"动"的交互绘本——嘟嘟习惯养成记》，就是利用了儿童泛灵论的理论，给儿童像跟人一样进行的听觉、味觉、触觉等的多感官互动反馈来延续纸媒所不具备的生命力，让传统纸媒在与儿童的交流中焕发新的生命力，成为具有可感知、可反馈的，能陪伴儿童的交互绘本。

（3）7~11岁的儿童正处于义务教育初级阶段，在这个阶段出现去中心化的特点，并且能够理解物质的守恒性，思维也开始具有可逆性。因此，产品中常常开始加入具有社交合作属性的内容，同时也开始提供更多思维训练的任务，因此，这个阶段的儿童常常对于思维锻炼的益智类游戏，以及多人合作竞技的棋牌类产品开始感兴趣。

（4）11~16岁的儿童推理能力充分发展，能够多维度地进行抽象思维。通常为这个阶段儿童设计的交互产品可以带有推理性和逻辑性，产品也在形式和内容上更加丰富和复杂。

2.2　社会文化理论（列夫·维果茨基）

列夫·维果茨基（Lev Vygotsky）是苏联卓越的心理学家，也是社会文化学派的代表人物之一。维果茨基认为，人类的思维和心理活动是社会化的，儿童的认知发展受到他们所处的社会环境和文化传统的影响。根据社会文化 — 历史观点，提出"教学就是人为的发展"这一独到的见解。他提出了活动论、符号中介论、内化论三个论点，强调社会互动、情境、文化背景、适应发展水平，以及工具与符号系统等方面的重要性。他创造性地提出了最近发展区、学习最佳年龄等的概念，也为教育教学实践提供了新的指导，这些理论对儿童友好型产品的设计实践也尤为重要。

心理发展的文化历史理论

文化历史理论强调了社会和文化因素在个体心理发展中的重要性，以及社会对认知和学习的影响。个体在特定的文化环境和与他人的交往的过程中，逐渐形成具有文化特征的心理结构（图2-4）。

2 符号中介论：从活动论中引申而出，在人类的发展过程中，人类创造出了两种工具：物质生产工具（如简单农具、弓箭等物质工具）、精神生产工具（如语言、符号等抽象工具）。工具和符号系统在心理发展中起着中介的作用，并引导其认知和学习活动。

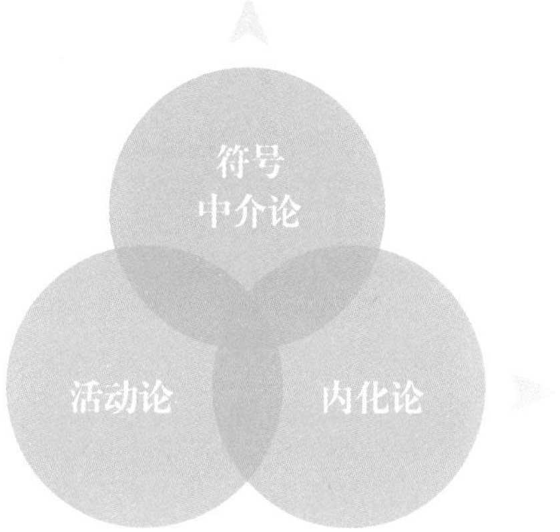

1 活动论：强调了人类心理活动与社会活动之间的密切关系。它认为个体的心理发展是通过参与社会活动而实现的，人类的认知和行为是在特定的社会活动中产生和发展的。

3 内化论：以符号中介论为基础，提出了内化论，儿童通过参与特定文化的活动和实践，逐渐内化该文化的价值观。外部环境塑造了他们的思维方式和行为模式。

符号中介论

活动论　内化论

图2-4 文化历史理论的三个论点

心理发展观（图2-5）

· 人 & 动物共有 ·　　　　　　　　　　　　　　　　　　　· 人特有 ·

低级心理机能　　　　　　　　　　　　　　　　　　　　**高级心理机能**

· **随意机能的不断发展**：随意机能是指主动的、有意的心理活动，是具有高度自觉性的，随意性越高，心理水平越高。

· **抽象—概括机能的提高**：随着知识增长及语言的发展，儿童心理机能的概括性得到发展。能够更好地理解和处理抽象的概念和推理问题，同时能够更灵活地运用所学的知识和技能。

· **各种心理机能之间的关系不断变化、重组，形成间接的、以符号为中介的心理结构**：各种心理机能的交融发展形成了复杂的心理结构，这种心理结构越复杂，心理水平越高。

· **心理活动的个性化**：在认知活动中展现出独特的个体差异和个性特征。在认知过程中，儿童会逐渐表现出自己独特的方式和习惯。个性化对儿童认知发展有重要的影响，也是高级心理机能发展的重要标志。

图2-5 低级向高级发展的四个表现

学习与发展的关系

· 最近发展区

维果茨基认为，儿童的发展不仅受到他们当前能力水平的影响，还受到他们潜在的发展潜力的影响。最近发展区是指实际的发展水平与潜在的发展水平之间的差距，是儿童能够通过他人的协助或指导而实现的任务范围，对儿童来说是个挑战，不能轻易取得成功，能够促进儿童的认知发展（图2-6）。

图2-6 最近发展区概念图解

· 学习最佳年龄

学习最佳年龄（敏感年龄期）是指在某个年龄或发展阶段，个体对于学习特定内容或发展特定技能的能力达到最高点或最佳状态的时间段（图2-7）。然而，确定确切的最佳学习期限是一个复杂的问题，因为它涉及个体的发展特征、学习内容的复杂性，以及个体之间的差异。

图2-7 学习最佳年龄概念图解

对现代教育的影响

维果茨基思想体系深刻影响了当今教育教学的实践探索，许多教学模式也是在其理论的基础上发展起来的。如图2-8所示为基于其理论的一些教学的应用。

支架式教学	交互式教学	情境化教学	合作学习
提供更高等级的任务，同时提供支架（成人陪伴辅助完成），逐步减少支架，促进独立。	教师与学生间相互作用，教师示范出任务的解决策略，然后师生轮流充当教师，对内容进行演练。	安排不同能力阶段的学生组成小组，合作学习，创造最近发展区，激发其潜在能力的提升。	任何学习都处在一定的社会实际意义背景里，要引导学生在社会性情境中获得经验。

图2-8 基于维果茨基理论的教学实践探索

社会文化发展理论运用

维果茨基主要站在社会历史文化对思维发展影响的角度来分析儿童认知的形成过程。文化历史发展论强调了个体心理发展要在社会性活动中通过物质工具和精神工具的帮助，完成对认知形成和环境影响的内化，这也就解释了为什么在儿童时期，孩子会喜欢跟同伴进行一些类似搭积木、过家家等的游戏行为，其通过一些玩具、道具来完成社会事物认知的内化。

维果茨基提出的最近发展区和最佳学习期限概念对儿童交互产品的设计具有重要指导意义。发展区概念强调了社会合作对儿童发展的重要性，通过创造最近发展区的交互活动，儿童可以更快掌握新的技能和知识，并逐步扩展他们的认知和解决问题的能力。就像如今很多儿童教育类的App产品，如多邻国、宝宝巴士等，注重给予儿童适应性任务，使其具有一定的挑战性，超出儿童当前的能力，但又在他们最近发展区的范围内，从而使儿童能更有效率地吸收和掌握新的知识技能，同时此类交互产品也注重对教育材料进行分级，让儿童在相应的学习期限内完成相应知识和技能获取。

除此之外，最近发展区理论还强调他人的协助。维果茨基认为，儿童通过与更有经验的成人或同伴合作，接受适当的引导，可以达到他们最近发展区的水平。这种合作和引导有助于儿童逐步提高他们的实际发展水平。例如，《鲸鱼机器人makeU》系列大颗粒编程积木，儿童可以通过模块化的编程积木来学习编程的基础知识，并在家长和教师的协助下完成复杂的编程组合，协助儿童更有效率地掌握更高难度的知识技能。设计师在设计时，除了要考虑不同阶段儿童的最近发展区以外，还要考虑他人对儿童的协助，不仅要考虑儿童，还要考虑家长或教师如何在设计中担任协助者的角色，这样儿童才能达到潜在的发展水平。

再如ABC Reading-RAZ产品，就是熊博士旗下的练习分级阅读的App产品，初次进入产品时就根据儿童的出生年月推荐合适的分级读物，是很符合维果茨基的最近发展区和最佳学习年龄概念进行开发的产品，推荐的儿童绘本分级阅读在适应儿童年龄的同时，也具有一定的挑战性，读完后通过后面的习题测试，通过一定分数后才能继续进阶，帮助孩子更有效率地进行阅读匹配。

2.3 蒙台梭利教育法（玛利娅·蒙台梭利）

玛利娅·蒙台梭利（Maria Montessori）是一位意大利幼儿教育家和医学博士。早期专注于特殊儿童教育，她让原本与精神病人关在一起的弱智儿童不仅学会了读写，甚至通过了公立学校考试。之后她创办"儿童之家"以医学、生理学等理论为基础，将驾驭缺陷儿童的方法应用于教育正常儿童，开创了一种独特的儿童教育方法，被称为蒙台梭利教育法。这种方法基于对儿童自然发展的理解和尊重，强调其在自主探索和学习中的能力，提出了环境适应论、独立成长论、工作人性论、生命自然发展理论（包含儿童敏感期与儿童发展的阶段性）、吸收型心智、奖惩无用论六大教育理论，其中，儿童敏感期理论给后世研究儿童心理学和阶段发展理论打下了基础，许多儿童理论研究学家的阶段理论都源于此。

儿童敏感期

敏感期一词最早是由生物学家德弗里斯（Hugo de Vries）所提出的，他发现许多动物在某一时期会对某事物非常敏感，以此来满足成长的需求，蒙台梭利在与儿童相处时发现儿童也会产生同样的现象，从而提出了儿童敏感期的理论。蒙台梭利认为，儿童在特定的发展阶段会对某些事物表现出强烈的兴趣和好奇心，这种兴趣是他们获得特殊品质和能力的关键，这段时期被称为儿童敏感期。蒙台梭利强调，敏感期是儿童内在生命力的驱动力，对于儿童的发展至关重要，是他们学习和成长的黄金时期，一旦错过，学习同样的内容会变得困难。她认为，在这些时期提供适应性的学习材料和经验可以最大限度地促进儿童的发展（图2-9）。

秩序敏感期 0 ~ 6 岁	运动敏感期 0 ~ 5 或 6 岁	语言敏感期 0 ~ 7 岁	感官敏感期 0 ~ 6 岁
细节敏感期 1 ~ 6 或 7 岁	社交敏感期 0 ~ 6 岁	提问敏感期 3 ~ 4 岁	注意力敏感期 3 ~ 4 岁
社会秩序敏感期 4 ~ 5 岁	书写敏感期 4 ~ 5 岁	阅读敏感期 5 ~ 6 岁	文化敏感期 5 ~ 6 岁

· 秩序敏感期（0～6岁）

秩序是这年龄段儿童的一种基本需求，可以让他们获得安全感。儿童对外在秩序产生强烈需求，通过感知外在秩序建立内在秩序，进而在认知上取得重大突破。秩序敏感期决定着孩子整体的心理建设，始终处于熟悉的环境里，儿童才能逐渐将自己和妈妈区分开来，稳定的环境可以促使孩子的心理宁静祥和、健康发展。同时，规律性的认知会帮助孩子对信息进行分类和组织。

· 运动敏感期（0～5或6岁）

儿童在运动中建构自我，人类孩子在出生时，运动机能尚未成熟，但直立行走为解放双手，运用大脑思维提供了便利。在婴儿出生后的前两年，大脑细胞的髓磷脂非常活跃，这是宝宝练习一系列由上往下的身体运动的关键时期，包括抬头、坐起、站起和行走。一旦孩子学会行走，他们便开始探索周围环境，运动成为辅助大脑建构的重要手段。因此，通过合适的刺激和目的的运动，有助于促进孩子的协调发展和"智力运动"。

· 语言敏感期（0～7岁）

语言敏感期是最基础的敏感期，从孩子出生前开始，分为三个阶段。语言敏感期内，孩子在与他人的互动中建构自己的语言，并开始用手指去指，这是人类特有的交流方式之一。语言是儿童发展的基础，构成其精神生活的重要组成部分；词汇是大脑活动的基础，思想通过语言得到发展。因此与孩子产生联结，为其讲述故事、读书、唱歌等活动都有助于促进其语言和认知发展。

| 第一阶段：出生到第一次说话，逐渐吸收所听到的语言并突然开口。 | ➤ | 第二阶段：掌握口语到开始读和写，孩子的语言表达逐渐精准。 | ➤ | 第三阶段：对语法敏感即对词的属性和功能以及句子结构的敏感。 |

· 感官敏感期（0～6岁）

儿童通过感觉器官积累丰富的经验，成为认知世界的基础。随着年龄增长，儿童的感官体验逐渐精细化，分类、选择、命名和排列这些体验，可以进一步增强其认知能力。丰富的环境刺激对儿童的感官和智力发展至关重要，包括多样化的游戏活动和适合儿童的教具，蒙台梭利设计了一套独特的教具，旨在通过提供有序和结构化的感官体验，促进儿童精细感官的发展。

· 细节敏感期（1～6或7岁）

在这一时期，儿童对微小事物产生强烈的兴趣，这不仅体现他们敏锐的观察力，也揭示他们对世界的深度探索。通过观察和探索微小事物，儿童能够更好地理解周围世界的结构和特征，促进他们认知能力的发展。这种对细节的关注也有助于培养儿童的专注力和耐心，激发他们的好奇心和求知欲。

· 社交敏感期（0～6岁）

社交敏感期从儿童意识到自己是个独立个体开始，持续到约6岁。儿童在这一时期逐渐摆脱自我中心，开始关注他人。他们展现出强烈的社交欲望，愿意为他人提供帮助，并学会分享与合作等基本的社交技能。这不仅是其情感发展的重要时期，而且为他们未来的社会交往打下坚实的基础。

图2-9

· 提问敏感期（3～4岁）

蒙台梭利认为，这一年龄段孩子最大的特征就是爱玩、想象力丰富和经常提问题。儿童的提问行为是他们发展的重要标志，通过提问儿童，能够激发自己的好奇心和求知欲，培养思考和探索的能力，促进认知和语言的发展。蒙台梭利进一步指出，儿童的提问行为是有目的的，他们通过提问来满足自己对于世界的探索和认识。

· 注意力敏感期（3～4岁）

儿童的注意力逐渐发展，开始对周围环境中的特定事物产生浓厚的兴趣，并专注于重复某种活动或观察某个特定的事物。在这个过程中，儿童的注意力表现出惊人的高度集中，即使在嘈杂的环境中，也能保持专注。这种注意力的集中是儿童内心精神力量的发展结果。通过这种自然的方式，儿童的理性、意志和性格会一同发展起来。

· 社会秩序敏感期（4～5岁）

儿童开始对社会的规则和秩序产生兴趣，并逐渐形成自己的行为规范。儿童开始意识到他人的存在和需求，并尝试与他人建立关系。其开始观察和模仿成人的行为，并逐渐形成自己的社会行为规范。蒙台梭利认为，儿童在这个时期具有帮助、鼓励、安慰弱者的本能，这有助于促进社会的发展。

· 书写敏感期（4～5岁）

随着儿童对语音和音节的认知逐渐明确，他们对书写产生了浓厚的兴趣。书面语言和口头语言的平行发展标志着孩子书写能力的进步。书写不仅能帮助儿童精确地表达，还成为第二种重要的交流方式。书面语言和口头语言的平行发展，标志着孩子书写能力的进步。此外，蒙台梭利强调，书写和阅读是相互关联的，通过书写，儿童能够同步提高阅读能力。

· 阅读敏感期（5～6岁）

儿童对文字、符号和阅读产生浓厚的兴趣，开始主动探索和认识字母、单词和句子。他们会观察并模仿大人的阅读行为，尝试自己阅读简单的书籍或文章。蒙台梭利指出，书写一般位于阅读前面，阅读是从书写符号中解释概念，因此，孩子必须认识单词，并在书写时不断重复，才能真正理解并学会阅读。

· 文化敏感期（5～6岁）

儿童对于周围的文化、社会和人际关系有着高度的敏感性和好奇心。他们渴望了解周围的世界，吸收各种文化信息，并逐渐形成自己的认知和价值观。蒙台梭利强调，文化敏感期对于儿童适应环境极为重要。同时，文化敏感期是儿童了解世界和人性发展的重要时期，通过与周围人的互动和探索，儿童能够逐渐认识到世界的机能和人类在其生命周期中为别人所做的贡献。这种认识能够激发儿童的感激之情，并促进他们形成健康的人际关系和积极的人生观。

图2-9 儿童各敏感期阶段

四大发展时期

蒙台梭利认为，孩子的发展不是直线形的，而是跳跃式的，并且可以将其分为四个阶段（图2-10），每个阶段有各自特定的特征和发展需求。其中，婴儿期与青少年期是人生中最具创造力的阶段，也是人生变化最大的两个时期，由于四大发展时期本书只涉及18岁前的三个阶段，故成熟期本书不再论述。

0～6岁	6～12岁	12～18岁	18～24岁
婴儿期	童年期	青少年期	成熟期

· 婴儿期（0～6岁）·

婴儿期是儿童塑造自我、积累知识与技能的关键时期。儿童从出生开始，便踏上了自我构建的旅程。尽管脆弱且依赖性强，但儿童已经具备了成为独立个体的所有潜能。吸收性心智和敏感期是婴幼儿时期的特点。儿童通过与周围环境互动，吸收知识和经验，从而迅速发展语言、运动和认知能力，更能习得情感与社交技能。而敏感期则是儿童对特定刺激的高度敏感性，这一时期给予适当的刺激对儿童的智力开发具有关键作用。

- 儿童塑造自我、积累知识和技能的关键时期
- 吸收性心智和敏感期为典型特点

· 童年期（6～12岁）·

童年期不论是在身体上还是在精神上，发展都较为平稳。这一时期，儿童逐渐摆脱自我中心，开始关注更广阔的世界，对周围的人和环境越来越开放和好奇。通过实践经验的积累，儿童的抽象思维得到发展，对现实世界的理解更加深入。同时，道德观也在这一时期开始形成，儿童开始分辨是非对错，吸收并内化社会规则和价值观。此外，童年期也是开发儿童想象力的良好时机，因为儿童已经具备了一定的现实基础，可以通过想象和创造来丰富自己的内心世界。为了支持儿童的健康成长，提供稳定、安全的环境，以及适当的引导、教育至关重要。

- 发展较为平稳时期
- 逐渐摆脱自我中心
- 儿童抽象思维得到发展
- 道德观开始形成
- 吸收并内化社会规则与价值观
- 开发儿童想象力的好时机

· 青少年期（12～18岁）·

青少年期是儿童向成人过渡的关键阶段，身体和心理的变化显著。在这一时期，青少年逐渐脱离了儿童期，但尚未完全成熟，处于自我定位的过程中，随着对生活环境中的价值观的吸收和内化，青少年开始重新审视和质疑各种价值观。他们可能会暂时或永久地抛弃曾经深信不疑的事物，这是一个充满冲突和动荡的时期。青少年的需求也变得多样化，他们既渴望自立，又难以完全脱离童年期的安逸舒适。此外，他们也渴望认同感和归属感，将自己融入集体。为了支持青少年的健康成长，蒙台梭利认为应让这一时期的青少年感到非常独立、生活有意义，并尽可能多地接触大自然。同时，提供良好的榜样可以帮助他们进行人生定位。

- 身体和心理变化显著
- 处于自我定位过程
- 开始重新审视价值观
- 充满冲突与动荡
- 渴望认同感与归属感
- 需要榜样的力量

图2-10 四大发展时期

吸收性心智

吸收的概念源自对胚胎发生学的借鉴。蒙台梭利认为，拥有吸收性心智是儿童的基本特点。吸收性心智理论是指儿童在成长过程中，通过与周围环境的互动，无意识地吸收并内化各种信息，从而形成自己的认知和行为模式。这种理论认为儿童天生具有一种强大的学习能力，能够从周围的环境中吸收大量的信息，并将其纳入自己的内在世界。在这个过程中，儿童不仅仅是被动地接受信息，其也会主动地探索、尝试和体验周围环境，通过这些体验逐渐形成自己的个性和行为习惯。蒙台梭利强调，这种吸收性心智是人类天生的一种能力，是儿童成长的自然过程，其发展分为两个阶段（图2-11）。

· **第一阶段**（0～3岁）

儿童处于获取阶段，无意识吸收过程通常是潜意识的，因此，儿童可能不会记得他们所学到的具体内容，但这些经验和知识却在无形中塑造着他们的思维、情感及行为方式。

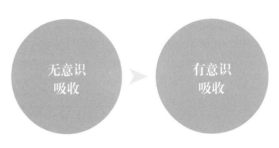

· **第二阶段**（3～6岁）

儿童处于巩固和精细化阶段，开始有意识地吸收和学习周围环境中的信息和经验，进一步发展自己的认知、情感和行为能力，为未来的发展打下坚实的基础。

图2-11　吸收性心智阶段

工作人性理论

蒙台梭利所说的工作并不是广义上的工作，而是指儿童在"有准备的环境"中和环境相互作用的活动，儿童的工作强调独立自主完成，并不在意是否达成某种目的，也正因为如此，儿童的工作并不追求提高效率，而是更多地投入大量精力，尽可能地去完成每个细节，在这个过程中，能力就得到了提高和发展。每个儿童都有工作需要，在特定的敏感期，其还会对某些事情或工作特别感兴趣。系统有效的工作可以帮助儿童提高对身体的控制和协调能力，培养专注力和意志力，促进儿童完善人格，得到自我满足。

所以，儿童有着自主性和天生的求知欲，每个儿童都具有自己独特的工作人性，通过给予他们自由探索和学习的机会，可以激发他们内在的动力。我们应该鼓励教育者为学生创造一个富有创造性和自由发展的环境，而不是强调通过外部的控制和指导达成教育目的。

奖惩无用理论

蒙台梭利认为，奖赏和惩罚是一种对儿童自由发展的阻碍，因为它们更像是对外在力量的屈服，而不是建立在内在动机和理解的基础上的。如果儿童必须受到触发，或者奖励才会停止偏差行为，那么其停止是因为怕被打骂，而不是自我控制的举止。如果这是一个积极主动、内心充实、愉快工作的儿童，那么奖惩对他的效果可能并不明显。因为一个享有自由并自我约束的人，会追求那些真正能激发和鼓励他的奖赏。当他的内心具有人类的力量和自由时，他就会迸发出强烈的积极性。

所以，为了儿童的自然发展，蒙台梭利强调自由和纪律的教育，主张教育者尊重儿童的自主性和天生的求知欲，更多地进行引导和观察；同时，需要提供自由、有序、启发性的环境，促进儿童进行探索学习和发展个性。

环境适应理论

蒙台梭利的新教育理论提出了要以儿童为中心，其首要目的是发现和解放儿童，给儿童自由的、适宜身心发展的环境。蒙台梭利坚信，环境在儿童成长中扮演着至关重要的角色。她认为，有序和整洁的环境可以帮助儿童培养秩序感和自律能力，儿童在自由的探索环境和氛围中，才会显现出他们的本质。在"儿童之家"，就设立了这样的环境：整洁、有序、自由，一切设置以儿童的身心发展为依据，环境不再是被动的背景，而是积极的、有教育意义的元素。儿童在自由探索的环境中，可以自主选择和使用教具，全情投入其中。这样的经历让儿童可以从经验中学习，也有助于他们发现自己的兴趣和热情。

所以，蒙台梭利主张教育者在教室和家庭中创造有序的布置，让儿童能够自由地探索和选择教具。同时，需要提供给儿童适当的、有意义的工具和材料，这些工具和材料能够激发儿童的好奇心和探索欲望，并帮助他们开发感官、认知和运动技能。

独立成长理论

独立成长理论是蒙台梭利在与儿童和家长的相处中总结而出的理论，传统教育中，成年人对儿童的干涉过多，在这种语境下，儿童被认为是无知无能的，必须要有成年人的帮助。而蒙台梭利认为，儿童不是成年人灌输的容器，他们是自己的老师，成年人不应该把自己的思想、观念和行为方式强加给儿童。这样的行为会压抑儿童的本性，妨碍儿童的发展。此外，蒙台梭利认为，独立成长包括生理独立和心理独立两个方面（图2-12）。

·生理独立·

生理独立是指儿童具备独立照顾自己、照顾环境等方面的能力，这意味着儿童能够自主地进行日常生活活动，如穿衣、进食、洗漱等，并且逐渐掌握照顾自己和周围环境的基本技能。

·心理独立·

心理独立是指儿童能够自主地适应环境，发挥和发展自己的心理能力。蒙台梭利认为，儿童的心理发展经历了以下一系列阶段。

·第一阶段：心理功能形成期（0～6岁）

0～3岁，儿童会经历一个所谓的"心理胚胎期"，在这个时期，儿童通过无意识地吸收外界刺激来形成各种心理活动能力。因此，为了促进儿童的心理独立，成人需要提供一个有序、整洁的环境，让儿童能够自由地探索和学习。

3～6岁，儿童逐渐从无意识转化为有意识，逐渐产生记忆、理解和思维能力。这个阶段被称为个性形成期。儿童开始形成各种心理活动之间的联系，并获得最初的个性心理特征。在这一时期，成人需要观察和理解儿童的需要和兴趣，为他们提供适当的引导和支持。

·第二阶段：心理平稳发展期（6～12岁）

·第三阶段：心理走向成熟期（12～18岁）

图2-12 独立成长的两个方面

蒙台梭利教育法运用

蒙台梭利认为，敏感期没有一个固定时间，每个儿童都是独特的，敏感期的时间节点受到个体差异和环境的影响，这就需要家长和早期教育工作者关注儿童，从而发现儿童的敏感期。错过儿童敏感期也不是无法弥补的损失，蒙台梭利认为，如果敏感期被阻碍、被破坏、被推迟了，在爱和自由的环境中，敏感期会再度出现。蒙台梭利的理论在后世对于儿童教育的研究过程中得到了发展和完善。在设计儿童产品时，了解和应用蒙台梭利敏感期的原则可以帮助人们提供更适合儿童发展的体验和学习机会。

叽里呱啦是一款专为2～8岁儿童设计的英语早教启蒙学习平台，它打破了传统英语学习的枯燥模式，巧妙地捕捉了儿童感官敏感期的特点与需求，通过精心设计的儿歌唱跳、动画故事、生活场景实拍等多元化模块，全面激发儿童的视觉、听觉、触觉和动觉，在丰富了感官刺激的同时，让儿童在轻松愉快的氛围中主动学习。在这个平台上，儿童在游戏与互动中不断探索，积累了丰富的感官经验，从而培养了对英语学科的认知能力。

对于吸收性心智阶段的儿童，在设计中，应该注重提供丰富多样的刺激和经验，以激发儿童的好奇心和学习欲望。利用具有明确结构和目的的教具和玩具，例如，数字积木、七巧板、拼图、串珠等玩具，可以帮助儿童掌握基本的概念和技能。此外，重视美学环境的设计，营造舒适、有序和美观的学习环境，有助于激发儿童的兴趣和专注力。

6~12岁这个阶段，儿童渴望了解世界的运作和相互关联，追求问题的答案和批判性思维。儿童设计可以通过强调问题解决和批判性思维，帮助孩子们在这个阶段心智的成长。设计师可以引导孩子们提出问题，并提供资源和指导，鼓励孩子们从不同角度思考问题，比较和评估不同的观点和解决方案。并提供支持和引导，帮助他们学会寻找答案和进行独立的判断，例如，各式的儿童科普类的书籍、玩具、App等。同时，为孩子们创造一个开放和尊重的环境，让他们感到安全和被理解，鼓励他们提出问题、分享观点。

12~18岁阶段的儿童面临着情感和社会认知的挑战。在这个阶段儿童可能缺乏安全感、情感表达不自然、以自我为中心。设计师可以创造一个支持性的环境，提供情感支持和建立安全感的机会。儿童在这个阶段开始探索社会运作方式，并努力为独立的生活方式建立起价值系统。设计师可以提供与社会相关的教育材料和活动，引导儿童思考和探索不同和事物，并帮助他们发展社会认知和批判性思维。

蒙台梭利强调创造富有意义的学习环境，这包括提供与儿童兴趣和能力相匹配的教育材料和工具。设计师应该考虑到儿童的发展阶段和能力水平，为他们提供适宜的挑战和机会，促进他们的学习和成长。蒙台梭利认为儿童天生具有自主学习和探索的欲望，因此，在设计中应该提供给儿童一定的自主性和选择权。为他们提供多样化的活动和任务，让他们能够自主选择感兴趣的内容进行探索和学习。

乐高（LEGO）积木的多样性为儿童提供了广阔的探索空间。在乐高世界中，儿童不再是被动的接受者，而是成为创造和想象的主体。每一块乐高积木都能激发儿童无限的创意，通过提供多样化自由的活动和任务，培养儿童的创造力、解决问题的能力，以及自主学习能力。

2.4 社会文化发展理论（爱利克·埃里克森）

埃里克森（Erik H. Erikson）是一位德裔美籍的发展心理学家和精神分析学家，他对人类发展理论的贡献被世人所熟知，他还以创造认同危机（identity crisis）术语而著名，他在蒙台梭利教育法的基础上，研究更侧重于儿童发展和性别的阶段性，提出了文化和社会对人的发展作用、人的社会性发展和道德形成发展等相关理论。埃里克森理论可以帮助我们了解儿童在不同阶段的心理发展需求，并相应地应用于设计，促进儿童跨过不同阶段的危机，进行不同阶段的积极选择，为更好迈向下一阶段做准备。

发展危机论

在埃里克森的儿童发展理论中，儿童心理发展的每个阶段都存在一种"危机"，这种危机其实是一个转折点。积极的解决方式会增强儿童的自我力量，反之，会削弱儿童的自我力量，并会对下一个阶段的"危机"解决产生影响。但在实际情况中，每次"危机"的解决都会包含积极和消极两种因素，如果每个阶段发展顺利，那么这种结果会被称为"效能"，个体的发展视为一系列阶段性任务的完成。他的理论强调了个体在各个阶段中的发展任务和危机，以及成功解决这些危机对个体成长和发展的重要性（图2-13）。

积极选择指的是个体在面对发展危机时，能够成功地解决任务和应对挑战，发展出健康的心理特征和适应能力。如形成健康的依赖和亲密关系，以及对环境的信任感和安全感。

消极选择指的是个体在面对发展危机时，未能成功地解决任务，导致心理困扰和发展问题。这可能是由于缺乏支持、不良经历或心理压力等因素导致的。

· 发展危机 ·
（阶段性转折点）

图2-13 发展危机的选择

人生发展八阶段理论

埃里克森认为，人的发展是按阶段依次进行的，就像我们的身体器官按照一个预定的遗传时间表发展一样，我们同样遗传了一个心理时间表来发展我们的人格。埃里克森的理论包括八个阶段，其中前五个阶段是儿童和青少年时期，每个阶段都与特定的发展规则和社会心理冲突相关联。这些阶段由遗传因素决定，并具有跨文化的一致性，但每个阶段能否顺利度过取决于社会环境（图2-14）。

0～1.5岁	1.5～3岁	3～7岁	7～12岁
信任对怀疑	自主对羞怯	主动感对内疚感	勤奋感对自卑感

60岁以后	30～60岁	18～30岁	12～18岁
完美无憾对悲观绝望	繁殖对停滞	友爱亲密对孤独	统一性对角色混乱

·信任对怀疑（0~1.5岁）

这个阶段的儿童需要建立对主要照顾者的信任感，以满足生理和情感上的需求，如食物、安全感和温暖。他们依赖照顾者来提供需求的满足。如果婴儿得到了恰当的关爱和照顾，其将发展出基本的信任感；如果婴儿得不到充分的关爱和满足，可能会形成不信任感，这种不信任感会伴随儿童度过整个童年期，甚至会影响到其成年期的发展。

·自主对羞怯（1.5~3岁）

这一阶段的儿童已经学会了走路，并且能够充分地利用掌握的语言和他人进行交流。儿童已经发展出自我意识和自我控制能力，渴望自主并试图自己做一些事情，如吃饭、穿衣、大小便等。如果儿童在这个阶段得到了适当的支持和鼓励，其将发展出自主性和自信心。如果他们的行为和决策受到过度干预，或者他们被剥夺了自主性和自由度，可能会对自己的能力和决策产生怀疑，进而会产生羞怯感。

·主动感对内疚感（3~7岁）

这一阶段的儿童开始培养自己的社会技能和责任感，他们想象自己模仿、扮演成年人的角色，并因为能从事成年人的活动或胜任这些活动而体验到一种愉快的情绪。儿童在此阶段的肌肉运动和言语能力迅速发展，能够参与跑、跳、骑小车等运动，能说连贯的话，可以将活动范围扩展到家庭之外。如果儿童在这个阶段得到了适当的支持和鼓励，他们将培养出积极、努力的品质和责任感。如果他们感到自己无法达到父母或社会的期望，可能会产生内疚感。父母过多干涉可能会造成儿童形成缺乏尝试和主动的性格。

·勤奋感对自卑感（7~12岁）

这一阶段的儿童进入学校学习，开始体会到持之以恒的能力与成功之间的关系，开始学习并寻求成就感。学龄期的儿童开始培养各种技能，积极参与学校的社交活动。他们渴望在学习、运动、艺术和其他领域中表现出色，并以此获得成就感。儿童面临来自家庭、学校，以及同伴的各种要求和挑战，力求保持一种平衡，以至于形成一种压力。儿童在这个阶段学会与其他人竞争与合作，开始理解付出努力的重要性。如果儿童在这个阶段得到适当的支持和鼓励，他们将发展出勤奋、努力、自律的品质。如果他们经历了重重挫折，或无法成功完成任务，可能会出现自卑感。

·统一性对角色混乱（12~18岁）

这一阶段大体相当于少年期和青春期，他们此时开始体会到自我概念问题的困扰，开始考虑"我是谁"的问题，体验着统一性与角色混乱的冲突，青少年的身份与角色会发生混淆，他们面临着探索自我身份和建立自我角色的任务，开始对自己的价值、性格、性别角色、兴趣、才能、对他人的承诺及看法和职业方向产生更深入的思考。他们也开始与同龄人比较，试图找到自己在群体中的地位。如果父母能陪伴孩子去积极探索，他们自己的角色就能够统一，从而建立起一个稳定的个人身份，具有明确的价值观、目标、意识形态和角色意识。然而，如果父母持续向他们施压，以符合父母的期望，则青少年会面临角色的混乱。

图2-14 前五个发展阶段详解（儿童时期）

社会文化发展理论运用

埃里克森提出的发展危机对于儿童设计非常重要。这就强调了在进行产品和交互设计的时候，应该充分考虑儿童的发展阶段，以及需要应对的危机和挑战。应根据儿童的发展阶段和特点，提供相匹配的交互方式与体验。就像在对婴儿进行产品设计时，常常使用低饱和度的颜色，以及柔软亲肤的材质，来降低环境对婴儿的刺激，来让他们产生信任的感觉。随着年龄的增长，会通过辅助走路的学步车、辅助自主进食的婴儿勺来锻炼儿童的自主行动能力。在进行产品设计时，要考虑到每个阶段可能遇到的危机和挑战，努力引导儿童向积极的选择迈进，不断跨越人生发展危机，度过阶段性转折点。

例如，埃里克森的主动感和内疚感理论里提到，3~7岁的儿童开始培养自己的社会技能和责任感，他们想象自己模仿扮演成年人的角色，并因为能从事成年人的活动或胜任这些活动而体验到一种愉快的情绪。在宝宝巴士App的设计中就有很多角色模仿游戏，比如，奇妙小镇农场，模仿农民种植，培养安排分配的能力和动植物的基本认识。宝宝诊所日记是模仿医生，学卫生常识，培养习惯的。这些游戏都会让儿童贴近模仿角色，在玩的同时给出引导和鼓励。

2.5　多元智能理论（霍华德·加德纳）

霍华德·加德纳（Howard Gardner）是一位美国心理学家和教育家，以其对多元智能理论的贡献而闻名。传统上，智力被认为是以智商测试为基础的一种能力测试。然而，加德纳提出了一种不同的观点，认为人类拥有多种独立的智能。智力是在某一特定文化语境或社群中所展现出来的，解决问题或制作生产的能力，并且每个人对不同智能方面具有不同的优势。加德纳提出了一种新的教育观——"以个人为中心的教育"，多元智能理论有助于推动设计者开发多样化的教育方法和工具，以满足儿童在成长中的不同智能方面的需求，可以根据其个体及阶段优势，设计个性化的创意交互设计和体验活动。

八种智能类型

加德纳提出了八种主要的智能类型，他认为每个人在这些智能类型中都有不同的组合和强项，每种智能都可以独立存在。这个理论强调了每个人的独特配置，扩大了对智力的理解（图2-15）。

对语言接收与表达的敏感性和运用能力。

对音乐及节奏的感知、创造和表演能力。

逻辑推理、数学运算和问题解决的能力。

对空间场景的感知、理解和利用能力。

身体协调性和运动相关技能掌握的能力。

对自己内心情感、动机和目标的理解和应用能力。

理解他人情感需求和行为意图的能力。

对生物的分辨观察力和对自然景物敏锐的注意力。

图2-15 八种智能类型

多元智能理论运用

加德纳的多元智能理论为设计师提供了一个多元化和个性化的框架，帮助他们在设计前期理解儿童的多样化智力才能，并根据其需求和潜力提供指导，推动他们在各个领域的发展。

市面存在的丰富多样的儿童教育类产品正是为满足不同儿童的个性化需求，并且越来越多的品牌开始建立起更加多元领域的全科类儿童教育体系，实体产品如费雪（Fisher Price）推出各种多功能儿童玩具，可以为儿童提供多样化的学习机会，涵盖不同的智能类型。应用类产品如洪恩教育旗下推出了洪恩ABC、洪恩思维、洪恩编程等涉及各领域的教育App，以满足他们不同类型智能发展的需求，并探索所擅长的智力结构。

例如，叫叫——儿童成长数字内容平台是一款面向儿童的数字化多元启蒙学习App。在这款产品中，家长可以根据需求选择如阅读、美育、益智等不同领域的学习内容。系统也会通过问答，进一步对孩子目前在该领域的发展状况进行评估，并选择相匹配的学习认知内容。这种类型的平台正是基于加德纳所提出的多元智能理论，为儿童在成长起步阶段提供更多元化的学习方向，并根据不同领域发展的不同程度，定制该领域适配自己学习能力的教育材料，使儿童既能全方位发展，又能在感兴趣领域获得高效提升。

再如，小小运动家是一款结合AI识别技术的儿童运动App。这款应用基于加德纳多元智能理论中的动觉智能理论，强调个体通过身体动作和感觉来感知世界，通过AI识别技术记录儿童的运动轨迹，分析动作姿态和角度，提供实时的计数和计时功能，让孩子更好地了解自己的运动状态，纠正错误的运动姿势和动作，提高运动的科学性和安全性，并通过有趣的剧情和故事情境，引导孩子进行运动，激发他们的运动兴趣和热情。这种设计方式符合动觉智能理论中的感知和表达思维和情感的特点，让孩子在运动中感受到乐趣，培养他们自主运动的习惯。

2.6　认知—结构学习理论（杰罗姆·布鲁纳）

杰罗姆·布鲁纳（Jerome Seymour Bruner）是美国著名的心理学家和教育家，对认知心理学和儿童发展领域做出了重要贡献，他被广泛认为是教育心理学的重要思想家之一。他主要研究知觉和思维方面的认知发展，在皮亚杰认知发展理论基础上，提出了认知表征理论，将人类认知发展分成了动作、映象、符号表征。而且很创新地提出了发现学习的观点，强调了人的自主探索和主观学习能动性，他所提出的认知理论，以及教学应用的相关法则，有力地支撑了在为儿童进行产品设计时，要更加注重儿童的自主探索、自我发现问题、分析问题、解决问题的能力。

认知表征理论

布鲁纳认为，在每个发展阶段，儿童都会以自己独特的方式观察和解释世界。因此，要教导特定年龄的儿童学习某门学科，就需要按照他们观察事物的方式来呈现该学科。这其实相当于一个翻译的任务，任何观念都可以通过学龄儿童的思维方式真实、有效地呈现出来，这种早期学习能使儿童更容易理解知识，进而促进未来学习更为有效和精准（图2-16）。

· 阶段1：动作表征

通过身体活动和感官经验来获取知识，依靠直觉反复尝试，而不是运算思考，并且这一阶段的符号运算是不可逆的。大致相当于皮亚杰的前运算阶段。

· 阶段2：映象表征

通过视觉和图像构建对事物的认识，不再完全依赖动作和直接经验。相比前运算阶段，符号运算是可逆的，但难以处理、无法系统预测和描述未经历的可能事件。大致相当于皮亚杰的具体运算阶段。

· 阶段3：符号表征

通过符号、文字和语言进行思考和表达，儿童能够通过这些去思考可能的变化，甚至推导出潜在的关系。大致相当于皮亚杰提出的感知运动阶段往后的时期。

图2-16 儿童智力发展三个表征系统阶段

认知学习过程

在布鲁纳看来，学习一门学科看来包含三个差不多同时发生的过程。学习任何科目通常会涉及一系列片段，每个片段都包括获取、转换和评价这三个过程。若能把一个学习片段做到最好，就能够反映出先前学到的知识，还能够超越所学的知识，并进行总结。学习的实质是主动地形成认知结构，主要经历三个阶段（图2-17）。

阶段 1 获取	阶段 2 转换	阶段 3 评价
即新知识的获得。获取的新知识有可能与已有知识是矛盾的、相违背的，也有可能是已有知识的替代或者深入提炼。	分析整理获得的知识，使之适合新情况。在此过程中，所获知识经过外插法、内插法或变插法，转换为另外的形式，这也促进了对更深层知识的学习和理解。	检查获得或转化的知识是否运用正确。如确认处理信息的方式是否能够解决面临的问题？总结是否准确？推理是否符合逻辑？运算是否正确？

图2-17 认知学习三个阶段

针对以上过程，布鲁纳延伸出了四个问题和思考（图2-18）。

· 外在奖励和内在奖励之间的平衡

若以适应更长的学习片段为目标，那么在课程设计中，应将理解和领悟作为内在奖励机制。通过引导儿童学习具有挑战性的单元，激发他们发挥能力，从而发现全面有效工作的乐趣。

· 在一个学习片段中，对于获取、转换和评估的强调程度

学习片段的形式体现有很多种，这三个过程对于不同主题和年龄段，是否存在更适用的运用方法？

· 学习片段的最佳长度

学生在鼓励下热情地进入下一阶段的学习，学习片段越长且内容越紧凑，能力增长和领悟力深化就更显著。分数替代理解力作为奖励时，若不再进行分数评估，学习可能会停止。

· 学科结构的感知

一个人对某个学科结构的感知越强，其就越能够高效地长时间学习而不感到疲倦。

图2-18 布鲁纳思考

发现学习观

布鲁纳认为，学习知识固然重要，但更关键的是培养学习能力，其中包括发展解决问题和探索新事物的能力。他倡导的发现学习不仅限于揭示人类尚未知晓的事物，还包括发现人类现有的知识。因此，设计师需要根据儿童不同的发展阶段，设计相应的学习活动，使他们能够在其中亲自获取知识（图2-19、图2-20）。

阶段 1 提出问题	阶段 2 做出假设	阶段 3 验证假设	阶段 4 形成结论
设立情境，让学生在情境中自主发现，提出问题。	引导学生对于问题进行合理的答案预设。	让学生运用理论或实验验证提出的预设。	根据验证的结果形成对该问题的结论。

图2-19 发现学习进行的四个阶段

· 提高智力潜力

学习者会自主地建立起解决问题的模型，形成解决这类问题的认知结构，并不断发展这种结构。

· 外部奖赏向内部动机转化

同传统的传授与获取知识的方式比较，学习者自主发现并探索问题获取知识将获得更大的成就感，这将促使他们更加有意愿深入探索。

· 学会发现问题的最优策略

发现学习能让学习者掌握发现问题的方法和途径，从而不断地接触新的信息，不断完善认知。

· 促进信息的维持与检索

按学习者自身兴趣意愿和认知结构组织起来的知识库，能够让学习者更加自由高效地调用其中的知识信息。

图2-20 发现学习的作用

认知结构学习理论运用

布鲁纳的认知表征理论论述了人类认知是从动作表征到映象表征再到符号表征发展过来的，当儿童能够进行符号表征的时候，仍然会运用动作和映象表征，特别是在理解认知一个新的事物的时候，往往也是经历这三个阶段。因此，早教阶段的儿童教具设计也常常包含这三个方面的产品，比如，在教会儿童认知一个鸭梨时，往往会首先给他提供一个可以触摸的玩具模型，来感受这个物体，其次会有印有鸭梨图案的认知卡牌来深化这个物体在儿童脑中的映象，最后进行鸭梨汉字和图片或物体的匹配，建立儿童通过文字符号表征现实事物的能力。不论是成长类型的设计产品还是教学科普产品，都可以运用这种分步骤地表征方式去设计。例如，启蒙英语动画片Alpha Blocks就是以拟人化的、有生命力的字母卡通形象设计来帮助儿童更好地认识并记忆抽象的26个英文字母，通过动作表征和映象表征，帮助低幼儿童更好地理解26个英文字母，慢慢地等孩子长大一些，就可以很自然地过渡到符号表征。

认知学习过程和发现学习的观点主要阐述了认知形成与学习的过程，以及如何更好地进行学习。如本书案例部分的《奇妙茶坊》概念App产品，正是运用发现学习观去进行茶文化探索的交互体验设计，儿童可以首先通过新手指引和教学来获得对制茶相关知识的学习，其次通过自己的操作将所学知识进行内化，最后对其做出的茶叶进行验证评级，让他们了解到下次如何改进。在这种探索发现式的游玩过程中，自主获取知识并不断验证迭代。

布鲁纳的"发现学习"理论强调通过自主探索促进知识的建构。例如，在Toca World App游戏设计中，儿童能够通过与虚拟环境互动，自主发现并探索各种场景和活动。这种设计激发了儿童的好奇心，使他们能够通过实际体验学到知识。通过应用中可能触发的各种情境和任务，创造了问题解决的机会，这也符合发现学习的核心思想：学习者通过探索和解决问题，逐渐建构自己的知识结构。Toca World的开放性设计让儿童有机会通过试错和实践，发现其中的规律和关系，从而深化对各种事物的理解。同时，布鲁纳认为学习是一种个体建构。Toca World也提供了丰富的选择，允许每个儿童按照自己的兴趣和节奏进行学习。这种个性化的学习体验有助于培养儿童的主动学习能力。

2.7 机能主义心理学（约翰·杜威）

约翰·杜威（John Dewey）在1859年出生于美国佛蒙特州，是现代著名哲学家、教育家和心理学家，同时也是机能主义心理学和现代教育学的创始人之一，他创办了芝加哥大学实验学校，致力于现代教育革新。约翰·杜威所探讨的教育思想紧紧围绕着美国传统教育：一方面脱离社会，另一方面脱离儿童而展开。他的观点强调儿童的主动性、实践性和社会性，将儿童置于教育的中心地位，将儿童的兴趣、需求和经验作为教育的出发点。通过他的思想理论，我们能发现这正是设计上所讲的以人为本，以用户为中心，并强调了用户的主动参与、探索和创造。

新三中心论

约翰·杜威将教育时代划分为两大时期：一是以其自身教育思想为中心的现代教育时期，二是以赫尔巴特（Johann Friedrich Herbart）教育思想为中心的传统教育时期。传统教育是指以教材、课堂、教师为中心。杜威批判传统教育过于注重教材的传授，从而忽视了儿童的实际需求和兴趣。他主张教育应紧紧围绕儿童展开，教师应从主导者转变为引导者和支持者，同时教育不应该局限于课堂，应延伸到儿童的日常生活当中，与他们的生活经验紧密相连。基于这些观点，杜威提出了他的"新三中心论"，即以儿童、活动、经验为中心的现代教育理论（图2-21）。

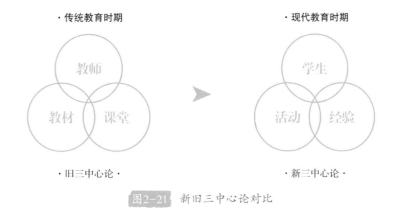

图2-21 新旧三中心论对比

教育本质论

杜威认为教育不是强制儿童静坐听讲和闭门读书，而是生活、成长和经验改造的过程，主张教育应是一种生动、活泼的生活过程。在他看来，生活和经验是教育的灵魂，离开它们，教育就会失去其存在的根基，生长也会变得无从谈起。约翰·杜威的教育本质论强调了教育与社会生活和个体经验的紧密联系，总结概括起来为教育即生活，教育即生长，教育即经验持续不断地改造（图2-22）。

· 教育即生活 ·

杜威指出，教育最广的意义即生活的社会延续，并认为生活本身就是自我更新、不断发展的过程，而教育便处在这一生活过程之中。教育是社会生活的组成部分，也是促进社会生活发展的重要手段，并且教育的最终价值在于富有成效和有意义的生活过程本身。因此，教育者应关注儿童的需要和兴趣，让儿童从生活中学习、从经验中获得知识，而不是仅仅为了未来的生活而做准备。"教育即生活"理论也强调学校也是社会的形式之一，学校应将现实社会生活简化为雏形，使教育更加贴近生活，做到教育即生活，学校即社会。

· 教育是生活中的过程，学校也是社会的形式之一。

· 教育并不是为未来的生活而准备，而是为当下的生活而准备。

· 教育即生活，学校即社会。学校的生活应该和社会生活相契合，与儿童生活相契合。

图2-22

· 教育即生长 ·

杜威认为，生活就是不断发展，生长是生活的特征，因而教育也是持续不断的生长过程，旨在促进儿童天性、本能和心理机能的自然发展，而不是简单地将外部的知识和技能强行灌输。他进一步指出，生长不是朝着一个固定目标进行的运动，而应把生长本身看作目标。因此，教育者应当从儿童的发展规律出发，关注儿童的兴趣及心理发展需要，创造一个充满探索与发现的学习环境，从而让儿童得到更加充分与相对自由的成长。

· 教育不应该压抑儿童，限制儿童自由发展，要符合儿童兴趣及心理发展需要。

· 应给予儿童尊重，但同时又不能过分宠溺放纵。

· 生长不是朝着一个固定目标进行的运动，而应是把生长本身看作目标。

· 教育即经验 ·

杜威认为，教育并非一成不变的知识传递，而是经验的再造或重组。它是一个持续不断的发展过程，新的经验与原有的经验相互融合，形成对经验的重新塑造。在这一过程中，个体的经验得到持续丰富和深化，同时也提升了他们指导未来经验的能力。教育是根植于这种经验中的，而经验的优化和改进则帮助个体更好地适应周围环境。因此，教育应注重将理论知识和实际经验相结合，只有在经验中，任何理论才具有充满活力和可以正式的意义。此外，提供给儿童丰富多样的活动与体验，让他们在实践中学习和成长，以使儿童的经验逐步加深或扩展、从而更好地适应不断变化的环境。

· 教育并非一成不变的知识传递，而是经验的再造或重组。

· 只有在经验中，任何理论才具有充满活力和可以正式的意义。

图2-22 教育的本质

教学论

杜威的实用主义认识论应用在教育上，便是"教育即生活、即生长、即经验改造"；应用在教学上，便是"从做中学"。"从做中学"反对传统教育机械性地由教师向儿童注入知识，相反，教育应以儿童为中心，主张让儿童从经验中积累知识，在实际操作与体验中学习，倡导实践和活动在教育中的重要性。在活动中，儿童能够活学活用，保持浓厚的兴趣，并在解决问题和追求真理的过程中发展其思维能力。此外，杜威把儿童和青少年的学习分为三个层次。他认为教学是一项连续不断的工作，就像是在重建房子一样。我们需要从孩子现有的经验和知识开始，逐步引导他们探索更加有组织、有条理的真理和知识（图2-23）。

·4~8岁	通过活动和工作而学习的阶段。所学的是怎样做，方法是从做中学。他们所学的知识为直接应用到生活中，而不是为储存在脑子里备用。
·8~12岁	自由注意学习阶段。这时儿童能力渐强，可以学习间接的知识，如通过历史，地理而学习涉及广泛的时间和空间的知识。但间接知识必须融合在直接知识之中。
·12岁以后	反省注意学习阶段。学生从此开始掌握系统性和理论性的科学知识或事物规律，并且随之习得科学的思维方法。

图2-23 学习的三个层次

机能主义心理学运用

杜威的理论强调将教育与日常生活紧密地联系在一起，让儿童从生活中学习、从经验中获得知识。在设计中，我们应该以儿童为中心，考虑他们的真实生活场景、需求和体验。通过深入了解儿童日常体验和情境，来设计出更贴近儿童生活的交互产品。杜威强调"教育即经验连续不断的改造"，即通过实践和体验来增进儿童经验积累。在设计中，我们应该倡导儿童的参与和实践。

例如，MarcoPolo天气App，通过手机端模拟不同天气的真实场景，使儿童可以在不同场景学习天气知识和穿衣习惯，让儿童在实践中学习知识，使教育和儿童的生活相交融，让儿童在真实的环境中不断发展。

例如，洪恩双语绘本、喜马拉雅儿童等绘本故事类型App，通过设计儿童感兴趣的、与儿童生活息息相关的故事，以儿童更易沉浸的表现形式，将儿童带入生活及实践的情境式的体验当中，在体验中自然而然地学习与培养认知形成。这正符合了杜威所提出的教育适应生活的理论，将生活同教育有机紧密结合。

杜威将儿童学习分为三个层次，认为教育是连续且重复的工作，是一个循序渐进的过程。因此，在设计中不能一律化，设计师需要考虑到不同年龄段儿童的学习特点和需求，从而为他们创造更合适的学习环境和体验。

2.8　联结主义理论（爱德华·李·桑代克）

爱德华·李·桑代克（Edward L. Thorndike）是一位重要的美国心理学家，是动物心理学的创始者、联结主义心理学的创建者及教育心理学体系的奠基人。桑代克最著名的贡献之一是他的三大学习律：准备律、练习律和效果律，强调学习是个体与环境互动产生的结果，包含了动机、练习和行为后果的重要性。他所提出的理论能够帮助我们合理促进儿童认知发展及技能获取，同时很好地解释了奖励机制设置在儿童交互产品设计中的重要性。

桑代克的学习律

桑代克认为，学习的实质在于形成刺激—反应联结，学习是通过尝试与修正错误的渐进过程（图2-24）。

· **准备律**：在学习或联结进行之前，个体在内心会有一个准备。这说明学习不是被动进行的，而是个体主动做出的，即是由个体内部的心理需要、兴趣和欲望产生的。此外，准备律还包括个体对这一联结的要素和能力的准备。如果个体做好了准备，而且联结也发生了，那么个体会获得满意的感觉；而如果个体已经准备好了，联结却没有发生，或者个体没有准备好，而联结却已经发生了，那么个体就会体验到痛苦；感到不愉快，引起烦恼。

· **练习律**：情境和反应之间经过多次的重复练习能形成联结，一个联结经过多次练习能提高联结强度。不断重复已习得的反应，会不断加强刺激和反应间的联结，联结被重复的次数越多就越强，反之则弱。之后的研究中，桑代克又对练习律进行了修改，认为单纯的联结重复并不能引起学习行为的产生，也不能提高联结强度，需要对行为反应加以奖励或惩罚，以便其产生理想的效果，强调了"奖励"在反复练习中的重要性，认为没有奖励的练习是无效的，联结要通过有奖励机制的练习才能增强。

· **效果律**：是对个体每次做出的反应给予及时的反馈——正确或错误、奖励或惩罚。效果律并不强调"反馈"这一行为，而是注重反馈所产生的心理效果，当给予测试者肯定或奖励会使之产生满意的感觉，而基于否定或惩罚会使之产生烦恼的心理状态。满意的感觉有助于联结的形成，烦恼状态则不利于实验者认可的联结（即正确的反应）的产生，这一原理突显了"奖励"和"惩罚"在形成和改变行为模式中的作用，通过海量实验论证了奖励或惩罚适度的原则。

图2-24 · 三大学习律

联结主义理论运用

桑代克提出的学习律强调了重复练习行为的重要性，以及奖励机制设立的重要性，比如幼儿园阶段和小学低龄阶段常有的"小红花"奖励，以及各类App通过打卡天数兑换实物奖励或返还学费等机制激励小朋友坚持打卡完成重复训练。这让我们注意到，在设计儿童友好型产品的时候，要更加符合人性，研究不同阶段儿童的喜好，设置合理的奖惩机制，以促进儿童对积极行为的不断练习和重复。

　　美国分级阅读AR（Accelerated Reader）系统是由北美教育机构睿乐生（Renaissance）研发的一款衡量K-12年级学生阅读水平的程序，是全球很多学校和学生在使用的数字系统。STAR&AR测评系统是美国专业的英文分级阅读管理体系。AR系统有一系列题库来测试孩子对单本英文书的理解。AR Quiz里的词汇题在做错后会被系统自动记录下来，之后错题会在每次做词汇题时滚动随机出现，让孩子通过不断重复训练记住这个词汇。这其实就是桑代克所说的练习律中的增强刺激—反应之间的联结。

　　在阅读中，很多教师让学生在不同的年级学习高频词汇也正是利用了重复练习这个学习律。个体的刺激—反应联结越多，就被认为越聪明，因为在解决问题的时候拥有更多的联结。这其实也解释了为什么孩子在语言敏感期学习说话的阶段喜欢让父母反复读一本书，这实际上是孩子在自发地建立这种刺激—反应联结。

设计互联网产品，首先应该了解用户的需求，需求是产品的基石，一个好的产品，一定是第一时间满足用户需求的。而了解用户需求的工具多种多样，本章总结了同理心地图、用户画像、竞品分析、情境场景剧本、用户旅程图、故事板、情绪板等典型的用于交互设计中产品需求及设计风格定位的常用方法，通过这些方法对用户的行为、场景等进行观察和总结，能够很好地帮助设计师对用户的需求进行细化和明晰，并最终转化成产品的功能。

第 3 章　交互设计工具与方法

3.1 同理心地图

同理心地图是团队设身处地地站在用户的角度，基于对用户的理解和观察所建立的用户心智模型描述，是对用户的行为和态度的可视化，它可以帮助团队对设计对象进行深入理解并达成共识，并帮助使用者进行用户相关的决策（图3-1）。同理心地图关注用户的所说、所做、所想和所感，梳理洞察用户的真实场景和感受（图3-2）。

所说	所想
所做	所感

图3-1 同理心地图关注的内容

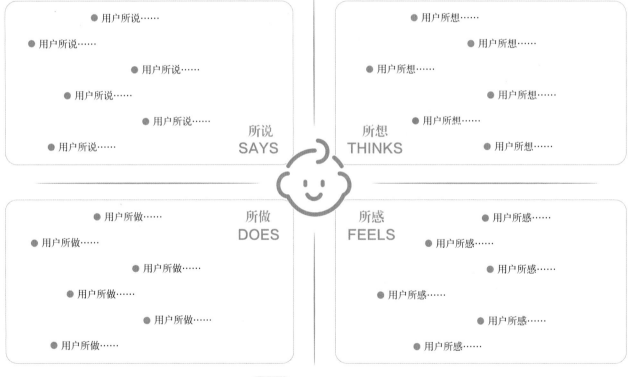

图3-2 同理心地图模板

如图3-3所示为经过前期用户调研了解到，目前家庭中拥有宠物的占比越来越高，为了了解这些有宠物又有小朋友家庭的现状，对4~8岁小朋友进行了深入调研，总结了他们的所说、所想、所做、所感，最后以同理心地图的方式进行可视化呈现。由此，北京服装学院2022级研究生设计了《动物冒险GO》概念App产品，旨在为学龄前儿童提供一个有趣而富有教育意义的游戏体验，帮助小朋友建立对宠物的同理心、爱心及相关能力，培养并引导小朋友与动物和谐相处。App通过设计，以动物为第一视角进行冒险、解密和探索，设置不同场景，让孩子与家长一同参与，希望能帮助培养孩子们对动物的同理心、解决问题和合作的能力，也能加深亲子间的互动体验。

图3-3 《动物冒险Go》概念App同理心地图（蒋新、黄雨欣、卢秋安）

3.2 用户画像

用户的需求是什么？用户的行为习惯如何？他们是怎么思考的？他们的预期目标又如何？他们的生活方式又是怎样的？对于这些问题，用户画像（也称为人物模型）给我们提供了站在用户的角度精确思考、准确锁定目标用户和构建用户同理心的方法。

　　用户画像是在对产品/服务的潜在用户进行详尽观察后建立的用户原型，目的是让设计师对自己的设计面向的特定人群有深入的了解，确定产品是为哪些人所设计的。

　　产品的用户画像可以是一个或多个，但每个都是基于一个典型的潜在用户类型而虚构出的角色，是共享相似目标、动机和行为的多个人的混合体，应该具有代表性，是真实用户的综合原型。用户画像需要从产品使用者的目标、动机、行为、使用情境、期望功能等方面概括出这类人群普遍的共性，最终综合成为一组对典型产品使用者的描述（图3-4）。

图3-4　用户画像模板

　　现今，14岁以下的儿童普遍出生在移动互联网时代。在一线城市，未成年人使用互联网比重达到93%，而互联网的不良信息对儿童造成的伤害或歪曲引导成为一直存在的社会热点。为了打造儿童较为纯净的、符合他们年龄段的互联网环境，北京服装学院创作设计了《高Fun》这一儿童社交类概念App，它是一款为儿童量身定制的自媒体平台，旨在建立一个专门为孩子打造的安全、健康、高质量的社区。这款App目标用户聚焦有社交需求的小学高年级学生或初中生，通过大量的用户跟踪调研及访谈，从个人基本信息、使用手机场景、使用手机需求、使用手机行为、目标与动机几个方面概括出K-12年级学生使用手机的典型场景和共性。

如图3-5、图3-6所示为项目组团队把有可能使用《高Fun》儿童社交App产品的用户画像概括总结为两大类：文文静静内向型（用户画像A）及大大咧咧开朗型（用户画像B）。用户画像A是北京市某初中的一位女生，性格文静，比较内向，遇到社交方面的问题时，心情高兴的时候会主动跟父母寻求帮助，但是不高兴的时候经常压在心里，会通过聊天类软件跟朋友沟通。用户画像B是北京市某小学六年级的一位男生，性格大大咧咧，比较开朗。通过用户画像的可视化呈现，可以更好地具化产品目标及核心功能，确定产品是为哪些人设计的。

文文静静内向型

用户画像A

个人基本信息

姓名：王××
年龄：13岁
性别：女
所在地：北京
就读学校：北京师范大学第二附属中学西城实验学校
年级：初中一年级

生活情况：在父母监督下使用自己的手机，每天限时15分钟自由聊天社交

最喜欢的作品：侦探类小说|《波西杰克逊》|《哈利·波特》

使用手机需求

聊天

音乐

游戏

音频

视频

学习

使用手机场景

使用设备：iPad、手机、学习机

使用场景：早晨起床后、晚饭时、放学后、作业完成后、周末闲暇时、学习时、视频剪辑时

使用手机行为

听音频故事
主要在早上起床、晚饭时和周末闲暇时使用手机

社交聊天
使用微信群与同学进行交流，主要在每天放学后和周末使用

学习打卡/作业上传
使用手机进行每日打卡活动，上传学校作业，主要在作业完成后进行

剪辑视频
偶尔进行，主要用于休闲娱乐，以及自己完成动画配音

目标与动机

符合儿童	时间控制	安全使用	发泄解压	满足好奇	娱乐知识	寻找共鸣
提供一种专为儿童设计的社交类软件，从而使产品更加符合孩子的需求	提供一种控制使用时间的功能，避免孩子沉溺其中	提供一种过滤少儿不宜内容的功能板块，让孩子使用更加安全	提供一种安全的平台，让孩子能够发泄吐槽，减轻学习压力	能够满足孩子对同龄人奇闻逸事的好奇心	让孩子在平台中能够学习一些有趣的冷知识	让孩子在平台中找到共鸣，例如吐槽或评价喜欢或讨厌的老师

图3-5 《高Fun》概念App用户画像A

大大咧咧开朗型

个人基本信息

姓名：岳×
年龄：12岁
性别：男
所在地：北京
就读学校：中国农业科学院附属小学
年级：六年级

生活情况：拥有自己的手机，并在家人监督下使用。在打卡时使用手机，限定时长约半小时。在线下课和围棋时间使用学习机/电脑或iPad。线下课一般安排在周末

使用手机需求

聊天
音乐
游戏
音频
视频
学习

使用手机场景

使用设备：iPad、手机、学习机
使用场景：早晨起床后、晚上睡觉前、外出的路上、家庭环境

使用手机行为

查找资料
使用Alook浏览器，因其他浏览器会植入广告且很多内容不适合孩子

写作文
使用讯飞进行音频转文字，节省时间

交作业/打卡
主要使用拍照录制视频和音频的方式

做笔记
上课时使用拍照、录音或者录视频的方式记录重要知识点或者来不及记下的笔记

线上课程
围棋和其他课程使用iPad

下围棋
使用的设备是iPad

观看视频
完成任务兑换自由支配时间，视频内容由家长审核，每天上限20分钟或累计到周末看电影

起床
早晨使用音乐叫起床

听音频故事
主要在早晨起床后、晚上睡前和外出路上使用

目标与动机

学习/娱乐	引导/独立	学校/合作	安全/健康	数字素养
帮助儿童更好地利用手机，从而在学习和娱乐方面获得更多的乐趣和帮助	引导儿童独立思考和行动，并以自主、独立的方式完成各项任务，提升自我管理能力	帮助儿童更好地利用社交软件，与家长和老师建立更好的联系，促进家校沟通与合作	为儿童提供一个安全健康、积极的娱乐平台，满足儿童兴趣和需求，防止儿童接触不良信息和陷入不健康的社交中	教育和引导儿童科学、理性地使用手机和互联网，树立正确的价值观和手机使用观念，提升数字素养

图3-6 《高Fun》概念App用户画像B

3.3 竞品分析

  竞品分析一方面可以用于新产品或新功能的开发，通过分析竞品的优劣势与不足，寻找设计机会缺口及市场空白、功能需求缺口及未解决问题，洞察设计点等；另一方可以用于产品概念确定后，进行视觉设计前的视觉或交互、动效层面的图形元素、色彩体系、字体体系、界面布局、风格质感等视觉表现层的竞品分析。竞品

分析可以是同行业的产品，也可以是互联网行业的任何产品，观察产品的思路、用户盈利模式、功能规划、迭代步骤等等能提供产品思路或设计思路的方面，对它进行竞品分析。

竞品分析中，竞品的选择非常重要，一般选择的竞品类型可以分为以下三种情况。

（1）直接竞品。

产品功能和目标用户需求相似度很高的产品。这类竞品的核心功能、目标用户与目标产品基本一致，通过竞品分析，找到不同细分市场，寻找产品设计机会缺口或功能需求缺口。

（2）间接竞品。

功能模块比较接近的产品。这类竞品只需要找到跟目标产品某个功能模块比较接近的产品功能，进行比对借鉴。

（3）关联竞品。

目标用户和功能都不同，但交互或者视觉上可以参考的产品。这类产品可能领域完全不同，但只要能从中得到启发和借鉴，都可以成为交互设计师进行竞品分析的对象。

选择完竞品之后，设计师需要运用不同的竞品分析方法，从产品目标用户、功能、交互流程、图形元素、色彩体系、界面布局、风格质感等多维度对竞品进行分析（图3-7）。最常用的竞品分析方法有用户路径分析法、表格法、功能拆解法、借鉴法等。

图3-7 竞品分析维度

▌用户路径分析法

用户路径是指用户从某个行为开始事件直到结束事件的路径，即用户使用某个功能的完整流程。用户路径分析法又称为流程走查法，主要是把自己假想成用户，体验用户操作某软件中某功能的流程并记录过程，对竞品进行走查。例如，试卷宝App是一款用于为小学生及初中生整理错题的产品，整理错题功能的用户路径为：点击主界面"错题打印"，在跳转到的页面上进行科目选择，然后点击"选择错题并组卷"，就可以预览生成错题集试卷并进行打印（图3-8）。

| 点击"错题打印" | 科目选择 | 点击"选择错题并组卷" | 预览生成试卷 |

图3-8 用户路径分析法案例

表格法

表格法主要是用表格统计若干竞品中某个功能或子功能的有无，对市场上相似的产品功能概况做一个较为全面的对比，分析出产品的机会缺口或功能缺口（图3-9）。

	竞品 A	竞品 B	竞品 C	竞品 D	竞品 E
图片	竞品图	竞品图	竞品图	竞品图	竞品图
对标功能	有/无 （相关描述）	有/无 （相关描述）	有/无 （相关描述）	有/无 （相关描述）	有/无 （相关描述）
对标功能	有/无 （相关描述）	有/无 （相关描述）	有/无 （相关描述）	有/无 （相关描述）	有/无 （相关描述）
对标功能	有/无 （相关描述）	有/无 （相关描述）	有/无 （相关描述）	有/无 （相关描述）	有/无 （相关描述）

图3-9 表格法模板

如图3-10所示，利用表格法，从天气知识点（天气体验和天气原理）、交互体验（趣味性和互动性）、语言引导、生活与天气、可借鉴点几个角度分析了MarcoPolo天气、玩和学习科学手游（Play & Learn Science）、认天气—自然科学启蒙、Curly的天气预报、Tinybop出品的"天气"、这是我的天气—儿童气象学，一目了然地展示出各个天气类App对标功能的有无。

App类	MP Weather	Play & Learn Science	认天气—自然科学启蒙	Curly的天气预报	Tinybop出品的"天气"	这是我的天气—儿童气象学
图片						
天气知识点	天气体验√ 天气原理×	天气体验√ 天气原理×	天气体验√ 天气原理×	天气体验√ 天气原理√	天气体验√ 天气原理×	天气体验√ 天气原理×
交互体验	趣味性√ 互动性√	趣味性√ 互动性√	趣味性× 互动性√	趣味性× 互动性×	趣味性× 互动性√	趣味性× 互动性×
语音引导	√	√	√	√	×	×
生活与天气	√	√	√	×	×	√
可借鉴点	·画面生动有趣 ·天气控制直观	·天气控制直观 ·游戏化的互动方式 ·画风可爱	·游戏化生动体验四季的具体场景	·有天气体验和天气原理介绍	—	—

图3-10 天气类App表格法示例

功能拆解法

功能拆解法是把目标竞品功能分解成一级功能、二级功能、三级功能等，对筛选出的竞品进行信息架构分析，获取竞品的功能，记录完整的使用过程，并对各项功能的具体内容或交互方式进行备注说明（图3-11）。

　　如图3-12、图3-13所示，对清代皇帝服饰App做竞品分析，通过功能拆解法，拆解出的一级功能包括礼服、吉服、常服、行服、便服等，其中礼服的二级功能又可以拆解为帽饰、礼服套装、礼服配饰，其中帽饰的三级功能又可以拆解为展示、结构、材质、工艺、查看更多等，在三级功能中可以通过导航快速回到二级功能，也可以通过首页直接回到首页。除了可以对竞品的一级功能、二级功能、三级功能等进行信息架构分析之外，还可以对每一个功能的交互方式及动效进行详尽的分析，清晰地备注在功能列表旁边进行说明。

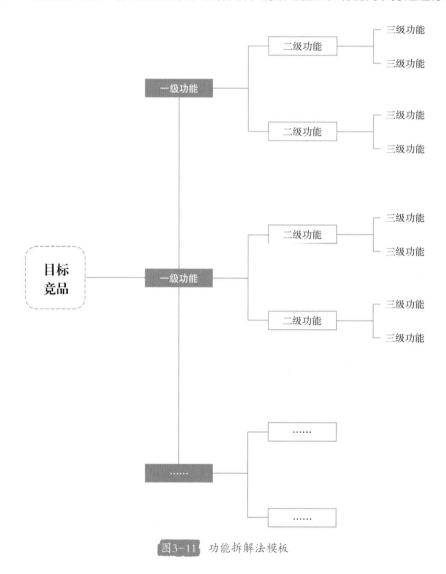

图3-11　功能拆解法模板

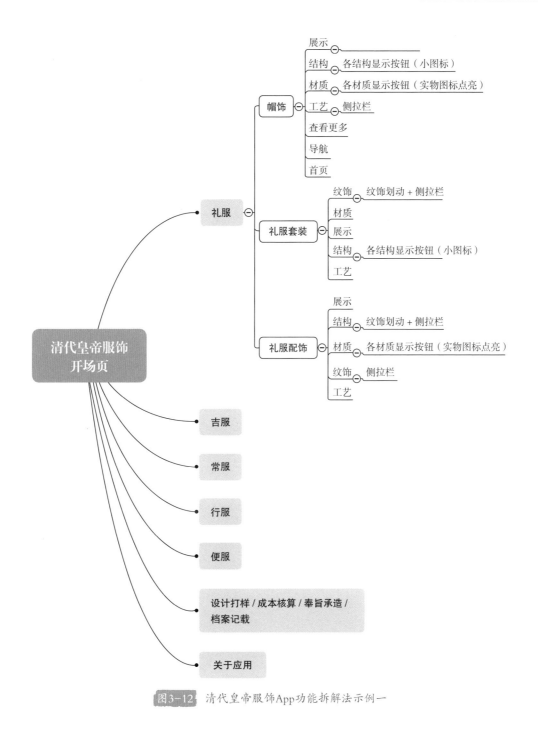

图3-12 清代皇帝服饰App功能拆解法示例一

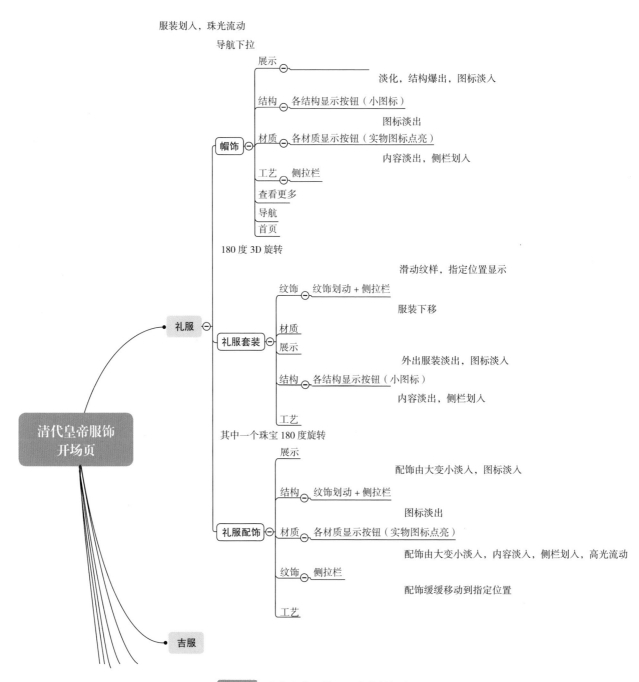

服装划入，珠光流动

导航下拉

展示

淡化，结构爆出，图标淡入

结构　各结构显示按钮（小图标）

图标淡出

材质　各材质显示按钮（实物图标点亮）

内容淡出，侧栏划入

工艺　侧拉栏

查看更多

导航

首页

帽饰

180 度 3D 旋转

纹饰　纹饰划动 + 侧拉栏

滑动纹样，指定位置显示

材质

展示

服装下移

结构　各结构显示按钮（小图标）

外出服装淡出，图标淡入

工艺

内容淡出，侧栏划入

礼服套装

礼服

清代皇帝服饰
开场页

其中一个珠宝 180 度旋转

展示

配饰由大变小淡入，图标淡入

结构　纹饰划动 + 侧拉栏

图标淡出

材质　各材质显示按钮（实物图标点亮）

配饰由大变小淡入，内容淡入，侧栏划入，高光流动

纹饰　侧拉栏

配饰缓缓移动到指定位置

工艺

礼服配饰

吉服

图3-13　清代皇帝服饰App功能拆解法示例二

借鉴法

借鉴法就是找到竞品功能、交互方式、动效、视觉效果等方面中值得借鉴的部分，这些竞品可能是直接竞品，也可能是间接竞品或关联竞品，只要有值得借鉴的部分，就可以作为分析对象（图3-14）。

例如，《动物冒险Go》概念App利用借鉴法对动物森友会App进行了竞品分析，从产品定位、核心创新点、功能点、界面交互（操作性、反馈性、可玩性、沉浸感、可定制性）等角度分析了竞品中值得借鉴的部分（图3-15）。

图3-14 借鉴法模板

图3-15 《动物冒险Go》概念App借鉴法分析（蒋新、黄雨欣、卢秋安）

3.4 情境场景剧本

情境场景剧本描述用户在某一个特定场景下通过使用产品来达成目标任务的整个故事流程，关注用户的活动、感知和期望。情境场景剧本随着时间的推移，捕捉产品、环境和用户之间的理想交互方式，描述在什么场景下，用户通过产品做什么事情，即描述谁（who），在什么时候（when），在什么地方（where），做了什么事情（do），周围环境怎么样（how）。情境场景剧本通常用讲故事的形式，通过描述用户的某一天来定义、表达需求，让需求的呈现更加丰满生动，可以是当下最真实的场景，也可以是未知的、想象中的情境（图3-16）。

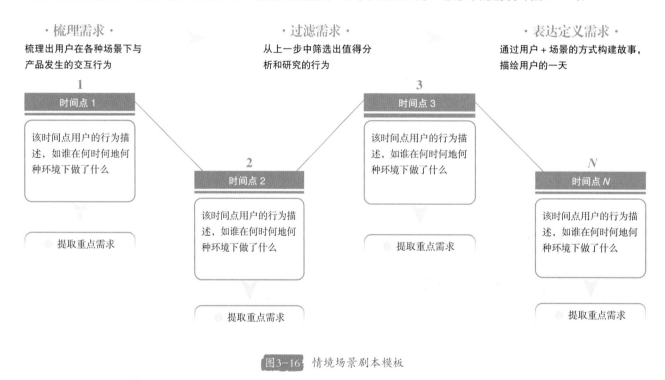

图3-16 情境场景剧本模板

如图3-17所示，《少年纹样行》概念App是一款旨在对中国6～12岁学龄儿童进行纹样科普的游戏。为了调研清晰儿童在使用这款产品时的典型情境，确定产品的核心功能及学龄儿童玩游戏的时间，项目组团队在做设计前对典型用户进行了跟踪观察，选择学龄儿童周内、周末、假期中的某一天，于早晨、上午、中午、下午、傍晚、晚上等时间段进行跟踪调研，详细记录了儿童一天的活动详情，分析儿童一天中可能使用产品的需求及典型场景，寻找产品的功能机会缺口，挖掘产品的需求痛点，最后以情境场景剧本的形式对调研内容进行了可视化呈现。

情境场景剧本

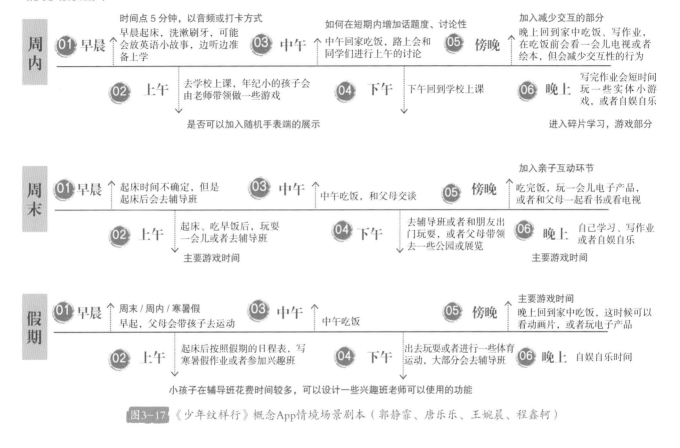

图3-17 《少年纹样行》概念App情境场景剧本（郭静霏、唐乐乐、王婉晨、程鑫轩）

3.5 用户旅程图

用户旅程图是研究用户真实体验的方法，它用可视化图表的形式将用户在经历一个过程中的主要行为、目标、情绪变化等展现出来，以便设计师能更全面地了解产品可能提供的痛点或机会点，发掘出可以优化的地方。用户旅程图被广泛应用于产品系统设计、交互设计、体验设计、服务设计等领域，可以帮助设计师更全面地了解用户的行为、目标、需求、痛点等（图3-18）。

图3-18 用户旅程图模板

如图3-19所示，通过分析山区小学高年级女生上学前（准备前往学校）、在学校（学习和社交、生理健康）、回家（完成务农和家务）、休息阶段的用户旅程，总结归纳出用户行为、接触点、想法、情绪曲线等，发掘出山区小学高年级女生可能的痛点，得到产品或服务设计的机会点。

阶段	上学前	在学校		回家	休息
目标	准备往返学校	学习和社交	生理健康	完成衣务和家务	休息
行为	●起床洗漱、做早饭，快速吃完早饭后出门，需●因为学校在城镇，需要通过崎岖的山路去学校	●和朋友玩耍●上课时要回答老师的问题，老师不知道学生是否听懂●对于老师谈话，吞吞吐吐，同一句答一句●埋头看书●慈善机构来学校，会变得胆小，害怕陌生人	●希望工程的饭菜保障，但"小病拖，大病扛"●觉得不舒服，但"小病拖，大病扛"●原来是来月经了，但不敢和大人说，老师主动帮忙买用品和教生理知识	●被督促帮忙做家务●偷看电视或进行娱乐活动可能会被责骂	●完成劳作后才休息●会在放松的时候做一些手工●不经常洗澡，直接躺下
触点	家人	学校、社会公益组织、老师、同学		家人	家人
想法	●要赶紧去学校	●老师不要叫到我，我不想起来回答●我只要背完就好了●老师为什么要找我，我该怎么办？这些人都不认识，他们是谁？为什么要走过来●上完课就可以和朋友在一起玩了	●我该怎么办●太丢人了，谁都别看我●算了，忍忍就不疼了●原来是这样，但我还是快点走吧，不能让别人知道	●我干完活就可以去玩了●偷偷玩一下应该不会被发现吧●好累啊	●明天回到家里还要帮忙●早点回家吧
情绪曲线					
痛点	●城镇离家太远，需要早起●早餐营养不够	●性格胆小封闭，缺少自信，害怕陌生人●学习条件落后●老师教学和交流缺少学生反馈	●对一些生理问题难以启齿●对身体健康不重视，身体素质不好	●家境贫穷●缺乏娱乐活动●生活封闭枯燥	●家庭居住环境和卫生状况比较差
机会点	●早餐保障或直播课	●开放眼界，组织多元娱乐活动●学校条件改造●慈善机构激励公益帮扶	●生理用品帮助和知识宣传医疗检查下乡	●娱乐活动组织●对贫困家庭的经济帮扶和教育鼓励	●身体健康的宣传和教育●手工制品的交换

图3-19 山区小学高年级女童用户旅程图（温玉婷、苏敬文、刘子珊、黄雨欣）

3.6 故事板

故事板基于情境场景剧本的描述，直观展示用户在什么地点、什么场景，使用某产品的典型或核心功能完成了什么样的任务，是对抽象的概念描述进行具体可视化的工具。故事板并不是将详细的解决方案都描绘出来，而是将原始想法快速原型化，以帮助对这个想法进行深入思考和细化。与文字性的情境场景剧本相同，它是将情境场景剧本细化及可视化的一种技巧，以一系列连续画面帮助设计师理解用户心理与行为、场景、需求，以及对未来产品的使用行为和交互做出预想和规划（图3-20）。

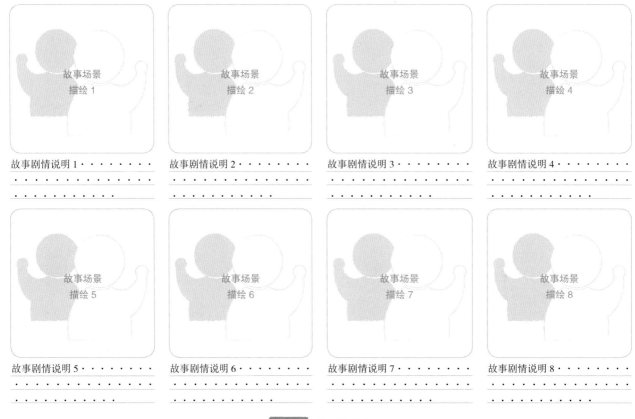

图3-20 故事板模板

如图3-21所示，由北京服装学院创作设计的《良渚王国》儿童文物类科普概念App，通过故事板绘制的一系列连续画面，直观展示了儿童在什么地点、什么场景下，使用产品核心功能完成良渚文物学习的过程，通过故事板的呈现，帮助团队迅速表达出产品的核心原型。

媛媛是个活泼的小女孩，今年小学二年级，从小和父母生活在二线城市，对这个城市充满了热爱。

爸爸妈妈希望媛媛能好好学习，获取更多知识，成为一个人才。

媛媛在睡梦中梦到了良渚人们曾经的生活场景。

早晨起床，良渚王国提供了早起语音系统，小良渚宝会对她说早安，还会播报一则良渚知识。

早晨，可以边听边洗漱，平时父母不仅对媛媛学习抓得严，还希望她可以温故知新。

媛媛边听渚宝讲故事边吃饭，妈妈在一旁催促准备上学了。

上课好枯燥，听到后排同学在聊良渚王国，学习和玩耍有什么样的关系，边学边玩超级方便。

哇，这是在良渚王国兑换的文具，好好看耶！

下课后和同学们一起交流在良渚王国学到的良渚文化知识。

媛媛拿着今天的成绩单，放学回家看到妈妈在做饭。

妈妈看到媛媛取得这么好的成绩很开心，决定给媛媛买最喜欢的文具。

媛媛告诉妈妈很多知识都是从良渚王国上学到的，这是一款讲述良渚文明的科普 App，里面还可以兑换文具呢。

下午媛媛做完家庭作业，决定打开良渚 App 看看今天渚宝出的每日一题。

点点这里，哇！良渚的玉器图鉴耶！

哇！渚宝在打磨玉器呢！

今天渚宝的每日一题难住媛媛了，媛媛冥思苦想也做不出来。

于是媛媛决定打开良渚王国的资料库查找今天每日一题的答案。

找到答案后，媛媛还打开了好友页面，给好朋友分享了今天发生的有趣故事。

可以去 App 中好朋友的小岛看看耶！

哇！看到了以前良渚人们是如何耕种的耶！

还可以看到曾经的良渚人们驯猪的过程。

媛媛平时也会给爸爸妈妈随时随地科普良渚小知识。

良渚王国中的日读小故事伴随着媛媛每天的生活。

真是全方位沉浸式体验良渚文化啊！

图3-21 《良渚王国》概念App故事板（孙辛彤、沈鑫、吴梦缘）

3.7 情绪板

　　情绪板是来自平面设计、室内设计和时尚领域的一种方法，是将灵感和概念在纸或者屏幕上进行拼贴组合。情绪板可以包含任何信息，包括照片、插画设计、配色板、影像、材质等，主要是为视觉设计确定风格和个性，是产品进入视觉设计细节前凝聚的一种共识，可视化的图片拼贴意向可以让设计师团队在视觉上达成统一与共识（图3-22）。

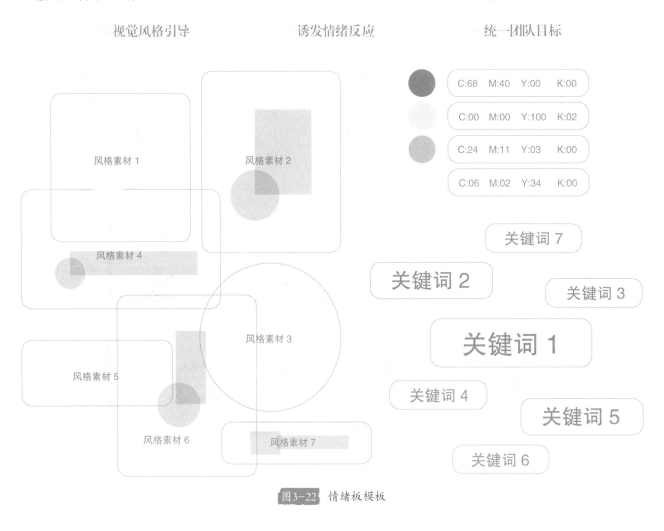

图3-22　情绪板模板

　　如图3-23所示为北京服装学院设计创作的《三星堆小记者》儿童文物类科普App的概念设计，在确定产品视觉设计风格阶段，利用情绪板设计工具，从文物、放松、相机、卡片、儿童、历史、童趣、休闲等关键词入手，找出能代表这些关键词的意向图像进行拼贴，可视化的图片拼贴意向可以让设计师团队能在视觉设计的整体调性和风格上达成统一与共识。

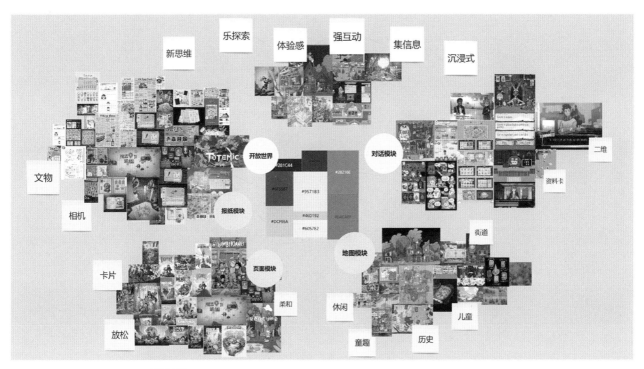

图3-23　《三星堆小记者》情绪板（王耀、周瑞旸、许阳阳、杨浩冉）

交互设计领域近二十年来经历了迅猛的发展，不同学者从多个视角深入研究并总结了众多交互设计的原理和法则。尽管这些原理和法则由不同学者提出，但它们中的一些具有相似之处。本书精选了一系列实用且典型的交互设计原理和法则：格式塔原理、本·施耐德曼的八项黄金法则、尼尔森的十大可用性原则、心智模型、费茨定律、希克定律、米勒定律、特斯勒复杂性守恒定律、奥卡姆剃刀原理等。

　　通过大量案例分析，本书对这些原理和法则进行了详尽解读。这不仅有助于设计师更好地理解交互设计原则，还能帮助他们在数字产品和应用程序的设计过程中应用这些原则，创造更具吸引力、易用性和实用性强的作品。这些原则不仅仅是有力的设计工具，还有助于优化用户体验、满足用户需求，最终实现商业成功。

第4章 交互设计的原理和法则

4.1 格式塔原理

格式塔原理是心理学重要流派之一，又称为完形心理学，对于现代美学有奠基作用。20世纪初，由沃尔夫冈·柯勒（Wolfgang Kohler）、马克斯·韦特海默（Max Wertheimer）、库尔特·考夫卡（Kurt Koffka）三位心理学家创立，试图解释人类视觉的工作原理。包括接近原则、相似原则、闭合原则、连续原则、简单原则、背景原则等。

接近原则

接近原则，也叫亲密性原则、就近原则或者邻近原则，是指物体之间的距离会影响我们感知它们组合的方式，互相靠近的物体看起来属于一组，形成一个组块，而那些距离较远的会被认为是独立的个体。在做交互设计时，要合理应用接近原则对界面上不同组件进行组块，将相似功能的捆成一个组块，不同功能的为了视觉上有差异，可以拉开距离以更清晰地展现界面中不同功能的层次。

如图4-1左图所示的8条竖线，左1、左2两条竖线因为距离较远，被认为是独立的两条线，左3和左4、左5和左6、左7和左8因为距离很近，被感知为3组竖线。

如图4-1右图所示的小圆点，竖排距离比横排更为接近，所以人们认为它是五条竖线而不是看成横线。

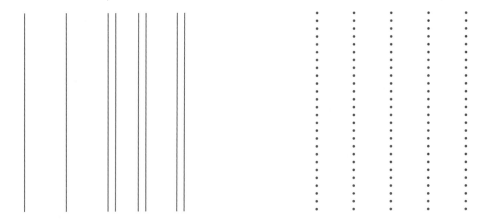

图4-1　接近原则示意一

如图4-2所示，左边的圆形排列，大家会认为右面两列是一组，左面一列因为间距不一样会被认为是一组。右边的圆形因为间距一致，则会被看成整体一组。

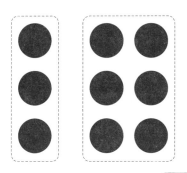

图4-2 接近原则示意二

相似原则

人们通常趋向于把某一方面相似的元素组成一个组，会把那些明显具有共同特性（如形状、大小、颜色等）的事物组合在一起，相似的部分在知觉中会形成若干组。相似原理很好地解释了"为什么同模块内容要用相同的布局"。接近原则和相似原则都与对象分组有关，很多时候是共同作用的。

如图4-3所示，第一组图形因为形状相同，会被认为正方形是一个组块，其余是一个组块。第二组圆形大小不同，会被认为9个小圆是一个组块，其余是一个组块。第三、第四组虽然布局一模一样，但是因为圆形颜色不同，会被认为玫红色圆是一个组块，灰色圆是一个组块，布局排列感也不一样。

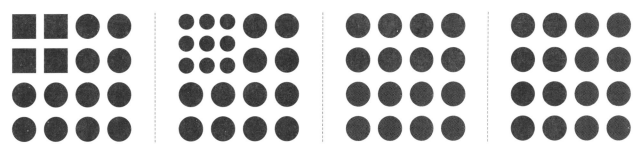

图4-3 相似原则示意

接近原则和相似原则经常搭配在一起用在界面设计中，彼此功能相关的元素利用接近原则靠近，归组在一起，并且利用相似原则进行相同的视觉设计，成为一个视觉单元。这样有助于组织信息，减少混乱，为用户提供清晰的层次结构。如图4-4所示儿童阅读应用叫叫 App 中的图标icon+扫一扫功能键、金刚区icon、Banner图、图形化功能导航、写作课程推荐、三列Tab等组件通过接近原则和相似原则进行视觉单元组块。全知识App全古籍界面被切分成了标签提示文字 +icon、文字导航按钮、类型切换、详情切换、时间线 + 书单列表、数列切换Tab、悬浮Button等视觉单元组块，使界面层次结构清晰、整洁。

图4-4 叫叫和全知识—全古籍App界面

闭合原则

人们在观察熟悉的视觉元素时，视觉会把看到的信息根据大脑中已有的认识进行加工，会把不完整的局部形象当作一个整体的形象来感知，必要时甚至会填补遗漏，这种视觉上的自动补齐，称为闭合原则。如图4-5所示，左边人们自动将分散的弧形线感知为一个完整的圆形，右边则在三个有缺口的圆之间构建了一个倒三角形。

博雅小学堂 ▶

博雅小学堂 Tab 栏的图标，虽然有很多个元素拼合或者断点处理，但碎而不散，用户依然能够通过信息加工感知到这是一个完整的元素。

◀ **知乎**

知乎 App 中的回答问题部分，采用了卡片堆叠的设计，给了用户里面有很多回答堆叠的一种隐喻，用户会自动脑补当前问题下面堆叠了很多完整的卡片。

图4-5 闭合原则示意

连续原则

连续原则，又被称为延续性原则，是指视觉系统在感知过程中更倾向于感知连续、整体的形式，而不是分散的碎片，通过寻找微小的共性，可以将多个不同的信息整合成一个整体（图4-6）。

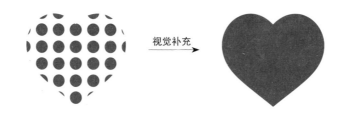

视觉补充

喜马拉雅▶

喜马拉雅 App 首页，内容导航栏后面的导航显示不完整，人的视觉连贯性会识别出后面可以滑动显示更多的内容导航。

◀KaDa 阅读

KaDa 阅读 App 首页超人气好书推荐板块，横向滑动组件右侧第三项图片显示不完整，连续原则让用户能够联想到后面隐藏了更多内容。

图4-6 连续原则示意

简单原则

简单原则是指在人眼的认知过程中，大脑会把一个复杂的物体分解成较为简单化的物象来理解，以降低大脑的认知负荷。也就是说，设计师必须学会"删繁就简"，对设计主题进行详细的研究和了解，探索从最简便、最轻松的方式来传达主题信息，将设计简化（图4-7）。

化繁为简

喜马拉雅儿童▶

大部分 App 都有的启动闪屏页，喜马拉雅儿童 App 只放置产品的 IP 形象、品牌 Logo 和 Slogan，大面积的留白处理将设计进行简化，反而使得想要给用户传达的重要内容更为凸显。

◀博雅小学堂

博雅小学堂 App 中的 Banner 广告位只放置了一张图片，以突出主题信息。

图4-7 简单原则示意

背景原则

背景原则是指大脑将视觉区域分为主体和背景，主体包括一个场景中占据我们主要注意力的所有元素，其余则是背景。在UI设计中，永远别要求受众自己来区分内容与背景，设计师要清晰地让内容呈现于背景之上（与背景形成对比），背景就起到背景的作用，不要干扰主体内容（图4-8）。

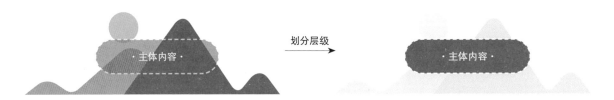

喜马拉雅儿童 ▶

喜马拉雅儿童App，陪伴功能的新手引导使用背景原则，将需要用户点击的信息进行高亮显示，背景则相应压暗，让用户聚焦在传达的核心内容上，引导用户一步一步操作。

◀ **斑马**

斑马App登录时的广告采用弹窗设计，是为了让用户专注于信息本身，避免背景信息的干扰，背景则配合采用高斯模糊处理。

图4-8 背景原则示意

4.2 八项黄金法则

八项黄金法则是1998年由本·施耐德曼（Ben Shneiderman）提出的，他是一位美国计算机科学家，马里兰大学人机交互实验室教授。他的作品可与唐纳德·诺曼（Donald Norman）和雅各布·尼尔森（Jokob Nielsen）等当代设计思想家相媲美。在他的畅销书《用户界面设计：有效的人机交互策略》中，施耐德曼揭示了界面设计的八项黄金法则（图4-9）。

- 保持设计的一致性　　● 使用快捷操作　　● 提供信息反馈　　● 告诉用户执行动作后的状态
- 防止操作错误　　　　● 允许撤销操作　　● 支持用户控制系统　● 减少短期记忆负担

图4-9　八项黄金法则

保持设计的一致性

保持设计的一致性是指当设计类似的功能和操作时，可以利用熟悉的图标、颜色、菜单的层次结构、按钮等来实现一致性。这样可以减少用户的认知负担，帮助用户快速熟悉产品的数字化环境，使用户体验流畅易懂，更轻松地实现目标（图4-10）。

宝宝巴士世界▶

宝宝巴士世界系列 App 包含很多产品，不同产品的界面设计均采用了鲜艳的色彩和可爱的卡通形象，所有界面的风格、提示音、布局以及图标视觉都保持一致，让儿童能够快速识别并理解各个功能区域，减少认知负担，让儿童在这个系列之下不同平台切换自如，也不会有割裂感。

图4-10　宝宝巴士世界App界面

▌使用快捷操作

使用快捷操作是指系统能充分考虑到用户下一步想要做什么，尽可能地提供便捷的操作方式预设，减轻用户的操作负担，节约用户的操作路径，让用户操作行为变得更加迅速、便捷（图4-11）。

▲ 叫叫

叫叫 App 伴读板块，充分考虑到儿童的下一步使用行为，在重要位置增加最近在看组件模块，让儿童能够更快速地定位并续读内容。

▲ 博雅小学堂

博雅小学堂 App 手机登录验证码界面，当收到验证码信息后，直接点击弹出的来自信息的验证码，系统便能自动填入，这就是一种非常迅速的快捷操作。

图4-11 叫叫和博雅小学堂App界面

▌提供信息反馈

提供信息反馈是指当系统出现问题时，要给予用户必要的反馈或简要信息报告，让用户了解系统不正常运行是出于什么状况以及如何解决（图4-12）。

▲ 哔哩哔哩

哔哩哔哩等常见 App，在网络状况不佳或无法联网的情况下，系统会自动弹出页面，告诉用户加载失败或网络错误等信息，告知用户当前系统出现了什么问题。

▲ 儿歌多多

儿歌多多 App，点击我的下载页面，当没有视频下载的情况时，系统会进行信息反馈界面告知用户，并引导用户前往对应的可下载页面。

图4-12 哔哩哔哩和儿歌多多App界面

告诉用户执行动作后的状态

告诉用户执行动作后的状态是指当用户要达到目标任务，执行一连串动作时，需要告诉用户系统进展的状态或目标任务达成的结果，以减少用户操作中的困惑、压力或等待时间（图4-13）。

▲ 小鱼伴读

小鱼伴读 App，页面在加载过程中，系统会出现"加载中"页面，告诉用户当前加载进程，进行及时的信息反馈，减少用户的等待焦虑与不流畅的产品使用体验。

▲ 我的汤姆猫

我的汤姆猫 App，儿童通过与汤姆猫互动操作，完成喂食、心情、睡眠、清洁等游戏任务，在游戏互动过程中，界面下方的图标会实时提醒任务完成进度，告知儿童汤姆猫当前的状态，提供良好的游戏操作反馈。

图4-13 小鱼伴读和我的汤姆猫App界面

防止操作错误

防止操作错误是指用户在使用产品的过程中难免会出现误操作，产品应当有容错性，以降低用户的犯错概率，避免带来严重的不可逆的后果（图4-14）。

▲ 喜马拉雅儿童

喜马拉雅儿童 App，当点击退出账号登录时，系统会弹出窗口，让用户再一次确认是否退出，防止误操作。

▲ 唯品会

唯品会等电商平台，在购物车界面中，如果没有选择任何商品，结算按钮会以置灰的形式呈现给用户，告诉用户不能点击，选择了商品后才会变成可点击状态，防止用户产生无意义的结算操作行为。

图4-14 喜马拉雅儿童和唯品会App界面

▌允许撤销操作

允许撤销操作是指系统为用户提供明显的让用户恢复之前操作的方式，减少用户错误操作带来的焦虑或给予用户操作行为的反悔缓冲区，使操作更可控，提升用户使用信心（4-15）。

▲ 微信

▲ 英语 Card

微信聊天窗口，当发送了一个错误的聊天信息时，用户可以选择撤回刚发送的信息，然后可以选择"重新编辑"的快捷选项快速回到信息发送前的编辑状态，其实这也是预知了用户下一步的行为，使其能够对撤回的文案进行快速修改并重新发送。

英语 Card App，儿童依据英文点击选择对应的图片，当选择错误游戏并不会立即停止，而是出发错误提示后，仍可以继续选择直至正确，这个功能减轻了儿童的焦虑，因为儿童知道即便选错，也可以游戏继续，鼓励儿童去大胆选择无负担地学习。

图4-15 微信和英语Card App界面

▌支持用户控制系统

支持用户控制系统是指当进行一些复杂操作时，要减少带有强制性的单一操作设置，应给予用户选择权，可以有两项甚至三项行为选择，让用户能够在使用产品时更加自如（图4-16）。

▲ 多邻国

▲ Bidow 日历

多邻国 App 在学习语言中给予儿童充分的自主权，儿童可以根据自己的需要添加学习不同的语言种类，还可以根据自己的偏好选择每日学习强度与计划，让儿童感觉他们在数字空间中的掌控权，从而获得对产品的信任与依赖。

Bidow 日历中计划清单管理功能，当需要删除一个每天都要进行的任务项时，系统会弹窗询问是"删除当前"还是"删除全部"，给予用户选择的同时细化指令，避免系统和用户理解上出现歧义而产生错误操作。

图4-16 多邻国和Bidow日历App界面

减少短期记忆负担

减少短期记忆负担是指系统尽可能减少让用户记住信息的时间成本和操作压力，应该提供信息让用户辨认和选择，达到更便捷、高效的产品使用体验（图4-17）。

▲ 淘宝

▲ 多邻国

淘宝 App，当用户开始输入搜索查询时，系统会根据已输入的文字自动即时匹配可能需要的搜索词条供用户选择。对输入信息进行补全，减少输入成本，已成为标准的搜索设计形式。

多邻国 App，英语单词学习板块设置选择题而不是简答题，这是因为选择题只需要儿童对正确答案再认，而不是从我们记忆中提取。对于低龄的儿童来说，英语的最佳学习方式是重复记忆，因此这样的方式减少了儿童短期的记忆负担，调动了儿童的学习积极性。

图4-17 淘宝和多邻国App界面

4.3 尼尔森十大可用性原则

尼尔森十大可用性原则是由雅各布·尼尔森（Jakob Nielsen）于1995年提出的，他是毕业于哥本哈根的丹麦技术大学的人机交互学博士，主要研究让互联网更容易使用的方法（图4-18）。

- ● 反馈原则
- ● 回退原则
- ● 防错原则
- ● 灵活高效原则
- ● 容错原则
- ● 隐喻原则
- ● 一致性原则
- ● 易取原则
- ● 简约设计原则
- ● 人性化帮助原则

图4-18 十大可用性原则

反馈原则

系统应该让用户时刻清楚当前发生了什么，也就是系统应该在合理的时间内做出适当的反馈，以告诉用户当前的系统状态。在设计过程中，最好做到元素之间的点击反馈时长要在0.1秒内，元素入场退场的时长要在0.2秒内，页面的转场时长要在0.3秒内（图4-19）。

▲ **百度网盘**

百度网盘 App 在下载文件时，进度条显示目前下载的进度和速度状况。

▲ **儿歌多多**

儿歌多多 App 在下载视频时，在每一个视频的右下角显示下载的进度和下载的状态。

图4-19 百度网盘和儿歌多多App界面

隐喻原则

系统应该遵循现实世界中人们的使用习惯和思维方式，尽可能使用通俗易懂的词语和习惯的交互方式。用户在现实中的体验会不经意间带入虚拟产品使用中，所以模拟物理世界中的互动体验可以有效降低用户的认知负荷和学习成本，拉近系统与用户的距离（图4-20）。

▲ 团团记账

团团记账 App 中，儿童在查看每天支出和收入时，界面被设计成超市购物小票的样子，在教会孩子记账的同时了解现实中购物清单小票的概念。

▲ NOMO CAM

NOMO CAM App，拍完照片后，点击查看照片界面，可以通过摇晃手机 90 秒，来实现照片的显影，把拍立得摇晃胶片显影的效果完全复制到了屏幕端，用户的体验感很真实。

图4-20 团团记账和复古模拟相机NOMO CAM App界面

▌回退原则

用户在使用产品时经常会发生错误的操作，因此产品需要有一个非常明确的"紧急出口"来帮助用户撤销或重新操作。在产品交互中，允许用户有更多的自主操控权，产品需要支持用户"反悔"（图4-21）。

▲ **数字华容道**

数字华容道 App 中，当用户在使用时如果想撤回操作，可以点击下方的退回功能重新尝试，为用户节省了时间成本，方便用户进行不同的尝试来解开谜题。

▲ **饿了么**

饿了么 App 的会员中心界面，可以通过吃货豆兑换一些店铺的红包优惠券，当用户一不小心便用吃货豆兑换了某个店铺的优惠券，因优惠券具有时效性，但是用户近期又不想在这个店铺消费，就可以在红包卡券的页面撤销兑换。

图4-21 数字华容道和饿了么App界面

一致性原则

对于用户来说，同样的文字、状态、按钮，都应该触发相同的交互反馈，也就是说，同一用语、功能、操作应保持一致性。一致性原则可以方便用户使用既有的经验来使用产品，降低用户对新产品的陌生感。设计过程中，除了要遵循产品内部的规范外，还需要与通用的业界标准保持一致，如果和业界通用的方案差异较大，虽然摆脱了同质化的问题，但是很多常规操作却需要用户重新学习，这样会导致用户的使用成本变高。软件产品的一致性包括以下五个方面：结构一致性、色彩一致性、操作一致性、反馈一致性、文字一致性。

·结构一致性

结构一致性是指同一个软件界面中的相同层级功能应该保持一种类似的结构，新的结构变化会让用户思考，规则的排列顺序、相似的结构布局能够使页面的信息层级清晰，可以有效减轻用户的认知负担（图4-22）。

微信▶

微信 App 中每个模块的条目都有统一的"图标加文字信息"的结构样式，能让用户快速了解朋友圈、扫一扫、摇一摇、看一看等。

◀斑马

儿童教育产品斑马App，界面的划分与微信类似，主要的功能居于画面下方，同时每个模块的条目也都有同系列的图标和文字组成。

图4-22 微信和斑马App界面

·色彩一致性

色彩一致性是指同一软件产品中各个界面所使用的主要色调应该是一致的，而不是换一个界面颜色就不同。即使可能在不同的背景颜色下，界面中的同一UI元素也应该有相同的颜色。例如，在某个界面中使用了红色来表示警告，所有其他界面中也应该以同样的色彩来表示警告情况（图4-23）。

▲ **网易云音乐**

网易云音乐 App 的图标颜色与界面的主色均为红色，包括其中一些标签和强调的文字颜色都是红色，整个界面除了图片的有效信息外，都通过灰、白、红色来呈现。

▲ **小伴龙**

小伴龙 App 家长中心中的图标颜色、按钮与界面的主色调都是淡黄色，与小伴龙的 IP 形象主色调颜色一致。

图4-23 网易云音乐和小伴龙App界面

· 操作一致性

操作一致性是指在整个应用程序中使用相同的控件、图标或工具栏，相同的触屏手势操作来执行相同的任务，即使产品更新换代，仍然尽量让用户保持对原产品的认知，减少用户的学习成本。要实现操作一致性，UI设计人员应该遵循产品或业界约定俗成的一些标准化操作或规范（图4-24）。

▲ 钉钉　　　　　　　　　　　▲ QQ

钉钉和QQ的聊天记录界面，它们都在左上角有一个返回按钮，虽然用户可能切换不同的聊天平台，但是返回按钮的设计一模一样，这样相同的设计，可以保持用户对产品返回功能的认知，来减少用户的学习成本。

图4-24 钉钉和QQ App界面

·反馈一致性

反馈一致性是指用户在操作按钮或者条目的时候，点击的反馈效果应该是一致的。例如：用户产生操作之后，成功、警告或错误的反馈使用信息提示明确告知用户需要了解的信息，用户在进行重要操作时，提示用户操作或是完成某个任务时需要的一些其他额外信息，一般使用弹出对话框，需用户执行取消/确定按钮的简单应答模式（图4-25）。

▲ 微信

在微信聊天中，当点击窗口最右侧的"+"按钮时，系统采用的是从下而上的推移式弹出菜单，当点击子菜单中的"位置"或"语音输入"时，系统也仍然是采用相同的推移式弹出菜单，体现了反馈效果的一致性。

图4-25 微信 App界面

·文字一致性

文字一致性同一产品在做视觉设计的时候，尽量使用风格统一的文字。产品中呈现给用户阅读的文字的大小、样式、颜色、布局等都应该是一致的。例如：大家常用的微信App中的几个关键界面中的字体大小、颜色、布局的样式都一样，这样让整个App视觉上看起来很舒服，这就是字体一致性。因此，我们在做界面设计时，尽量做到使用同一风格的文字（图4-26）。

▲ 斑马

斑马 App 的标题和描述性采用相同的字体来保持文字的一致性，即使界面中罗列了不同的分类和不同的导航功能，通过文字一致和图片的结构的一致性来保持界面的统一性。

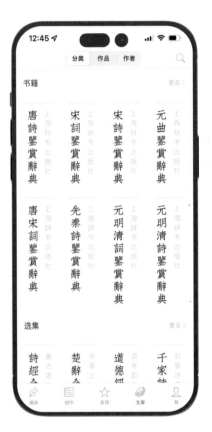

▲ 西窗烛

西窗烛 App 的文库标签界面中，所有的书籍标题文字是一种字体，出版社的说明文字选择的是另一种字体，字体的一致性让整个界面自然而然产生了视觉阅读的信息层级结构，只是通过字体设计的不同，就可以很清晰地给用户呈现出页面的内容。

图4-26 斑马和西窗烛App界面

防错原则

比一个优秀错误提醒弹窗更好的设计方式，是在这个错误发生之前就避免它。防错原则就是指帮助用户排除一些容易出错的情况，或在用户提交之前给他一个确认的选项。特别要注意，用户操作具有毁灭性效果的功能时要有提示，防止用户犯下不可挽回的错误（图4-27）。

▲ 团团记账

在团团记账 App 中，当要删除已经入账的账单时，系统会弹出窗口提醒用户是否要删除账单，避免错误删除了账单。

▲ 淘宝

淘宝 App，点击"我的订单"界面时，在出现的界面中要删除订单时，系统会弹出窗口，提醒用户是否删除该订单，来防止用户出现不可逆的操作。

图4-27 团团记账和淘宝App界面

▍易取原则

易取原则是指通过把组件、按钮及选项可见化，来降低用户的记忆负荷，将用户的记忆负担最小化，尽可能减少让用户记住信息的成本，应该提供信息让用户辨认。软件的使用指南应该是可见的，而且在合适的时候可以再次查看（图4-28）。

▲ 少年得到

▲ 小鹅通

少年得到 App，新用户注册时可以使用本机号码一键登录，可以极大地方便用户，减少了用户的输入负担，同时登录后还可以同步数据，减少用户更换设备时的负担。

小鹅通 App，通过微信账号登录后，会自动记录通过微信观看过的直播链接，并全部集拢到小鹅通中管理微信中看过的直播，方便用户进行直播回放，来减轻用户的记忆负担。

图4-28　少年得到和小鹅通App界面

灵活高效原则

灵活高效原则是指允许用户定制常用功能，以更方便、快捷地操作，或者把一些常用功能进行收藏，使用户能够轻松、高效地使用产品。好的系统可以同时满足有经验的用户和新用户，对新用户来说，需要功能明确、清晰，对于有经验的用户来说需要快捷高效使用高频功能。不可迎合某一种用户，把不必要的信息占据重要部分（图4-29）。

▲ 微信

微信 App 的底部标签栏，当点击"我"导航，在出现的卡包功能中，微信能自动记录最近使用频次比较高的会员卡并对其进行罗列，方便用户再次高效使用这些会员卡。

▲ 儿歌多多

同样的在使用儿歌多多 App 时，可以收藏各种形式的文件，收藏的文件会根据不同的分类保存在不同的分栏下方，并且把最近观看的视频排在最上面，方便用户高效的使用。

图4-29 微信和儿歌多多App界面

▌简约设计原则

简约设计原则是指在界面设计中去除不相关的信息或几乎不需要的信息，突出重要功能。因为每个多余的信息都会分散用户对有用或者相关信息的注意力。界面中每增加一个信息单元都会与相关信息单元竞争，从而降低其相对可见度（图4-30）。

▲ **西窗烛**

西窗烛 App 的首界面，界面主体只显示一个卡片，卡片上仅用文字显示一首从右至左排列的小古文，突出核心信息，设计非常简洁、美观。

▲ **酷玩地球**

酷玩地球 App 的主界面上只显示地球和常用的按键，减少儿童使用时的视觉负担，让儿童更加沉浸在探索世界各地文明古迹和风俗习惯中。

图4-30　西窗烛和酷玩地球App界面

▌容错原则

系统错误信息需要告知用户哪里有问题，并且异常状态要告知用户如何解决，而不是仅显示错误代码。错误信息应该使用简单的语言表示，即使用用户能够理解的、通俗的、接地气的词汇，千万不要用一些专业性术语，准确指示问题并建设性地提出解决方案（图4-31）。

▲ **团团记账**

儿童记账用的团团记账 App，当儿童在记账时填写了错误的数字，系统界面顶部弹出红色条目提醒用户哪里出现问题，帮助用户进一步解决问题。

▲ **国家博物馆**

国家博物馆 App 的参观预约系统，当用户选择了入馆日期而忘记了选择入馆时段时，这时候如果直接点击个人预约按钮，系统会自动弹出信息来告知用户，需要先选择入馆时段再进行预约。

图4-31 团团记账和国家博物馆App界面

人性化帮助原则

　　人性化帮助原则指的是用户在界面操作过程中，可能会出现需要帮助的时候，系统应提供一些必要的帮助说明。任何帮助说明信息都应该可以方便地搜索到，以用户的任务为核心，列出相应的操作步骤，但文字描述不要太多（图4-32）。

▲ 全知识

▲ 纪念碑谷

　　全知识 App，即使平台上知识性内容庞杂，但是在界面"我的"里面点击"更多"后出现新的界面，在界面菜单中选择"完美账号用户中心"后能看到"帮助文档"。尽管"帮助文档"使用概率极低，而在设计时隐藏得用户路径层级比较深，但是即使产品流程使用无问题，也应该提供一份帮助文档，以防用户出现问题时方便查阅。

　　纪念碑谷 App，对于初次玩游戏的玩家，给予用户文字提示，来引导用户进行操作。

图4-32　全知识和纪念碑谷App界面

4.4 心智模型

心智模型指一个人对某个事物运作方式的思维过程，当人们需要对技术进行推理时，尤其是第一次遇到不熟悉的产品时，人们会使用心智模型来思考该怎么操作或者使用产品。心智模型的基础是不完整的现实、过去的经验以及直觉感知，它有助于形成人的动作和行为，影响人在复杂情况下的关注点及行为，并确定人们如何着手解决问题。通常人们在使用软件或设备之前，会非常快速地在心中创建出一个心智模型，来帮助他们如何使用软件或设备。心智模型对交互设计的启发就是设计与用户的心智模型尽可能相匹配的可用界面，减少用户的认知负担，让特定的界面任务步骤变得显而易见（图4-33）。

抢占用户心智越早，会让用户更认可产品，并在心中创建对这个产品的心理印象。譬如在电商领域，提起送货快、电子产品，人们自然就会想到京东，提起便宜，人们自然就会想到拼多多。儿童 App 也会在闪屏页或加载页显示名称及宣传语，在儿童心中创建一个友好的初始印象，提起快乐启蒙，儿童可能会想到宝宝巴士，提起陪伴成长，儿童可能会想到小伴龙，这些都是产品在用户心目中构建的心智模型。

图4-33 京东等App界面

4.5 费茨定律

费茨定律又名指向目标的定律，它是1954年由心理学家保罗·费茨（Paul M. Fitts）提出的。费茨定律描述了手指从一个起始位置移动到目标位置所需的时间由到目标的距离和目标的大小两个因素决定。费茨定律对设计师主要有以下几个启示。

尺寸适当

按钮、图标、菜单等可点击对象需要设计成合适的大小尺寸，容易让用户点击。因此，不同的手机操作平台，设计师在设计前都要查阅一下可方便手指交互的最小设计尺寸规范（图4-34）。

京东商城▶

京东商城 App 的购物车，商品前面的圆形勾选框虽然设计成比较小的尺寸，但是大家点击的热区实际比圆形勾选框更大，点击控件边缘位置，用户就很容易点击到。

◀斑马

斑马 App 中，在进行家长验证的操作中，数字按钮的大小其实也是依据人手指的尺寸及相关人机工程学研究进行设计。

图4-34 京东商城和斑马App界面

位置合理

在大部分移动端应用中，都会把重要的按钮操作放置在屏幕右下或者居下，因为大多数人是用右手使用手机，因此在使用时，把重要的按钮放置在屏幕右下或居下的位置，右手拇指距离点击区域会更近，更方便用户单手操作或快速操作（图4-35）。

▲ 淘宝

淘宝 App 的购物车，几乎大部分电子商务类的移动端应用，都是把结算功能按钮放在屏幕的右下角，这样既方便了右手拇指的点击操作，同时也减轻了用户在不同电子商务平台购物切换时的认知负担。

▲ 牛听听

牛听听儿童 App 中，将控制台的操作按钮更人性化设置成了悬浮球，初始状态位于右下角，方便大多数习惯使用右手操作的用户，同时可以拖拉放在任何位置，方便不同用户个性化选择。

图4-35 淘宝和牛听听App界面

▌主次分明

希望用户快速找到的交互操作，建议使用较大的元素组件展示；希望用户不经常点击的操作，建议使用较小的元素组件展示（图4-36）。

▲ 大众点评

大众点评 App 首页界面的标签栏，中间的带"+"号圆形按钮，主要功能是让用户发布点评文章（这是大众点评的核心功能），这个标签按钮就比别的元素组件大，而且形状跟其余按钮都有差异，配色上也更醒目，目的就是希望用户能快速找到。

▲ 简小知

简小知儿童 App 中，标签栏会根据用户的选择，自动将相应 icon 进行放大点亮效果展示，更醒目的告诉用户目前所处的操作界面。

图4-36 大众点评和简小知App界面

▌间距把控

当产品功能比较庞杂时，一般一个界面中放置越多组件，效率可能会越高，这样势必造成组件元素之间距离过近。虽然组件越多越能提升不同功能间导航操作效率，但也会带来操作精度降低的问题，所以有时为了提升用户操作的精度，需要拉开组件元素之间的距离。这样，通过牺牲用户的操作效率为代价，来提高用户的操作精度（图4-37）。

▲ 淘宝

类似淘宝这类平台性 App，由于功能非常庞杂，可能底部标签栏设计得越多，对于用户来说，各个功能之间导航切换操作可能会越方便，但是为了提高用户的操作精度，底部标签栏一般都约定俗成不超过5个标签。

▲ 小小优趣

小小优趣儿童 App 中，底部标签栏数量更少，设置为 4 个，其实很多儿童应用底部标签栏都会更少更简洁，这也正是考虑到儿童各方面发育还并不成熟，要提供给他们更加简洁直接的操作方式。

图4-37 淘宝和小小优趣App界面

4.6 希克定律

希克定律是1952年威廉·埃德蒙·希克（William Edmurd Hick）与雷·海曼（Ray Hyman）这对夫妇进行的一项实验研究，探究人对信号的反应时间与出现的信号刺激数目之间的关系。希克在研究中发现人们做出选择所需要的时间与候选数量是呈对数关系的，而海曼在细化研究之下声称这两者的关系应该呈线性。总之，无论是对数还是线性，选择数量越多，就需要花费越多的时间作出决定。对交互设计意味着：选项越多，用户作出决定的时间就越长。

避免干扰

避免干扰就是在产品界面中尽可能删除、减少选项或隐藏一些不常用的选项，避免过多元素组件带来的视觉干扰，保留界面中最需要的选项（图4-38）。

▲ 支付宝

支付宝 App 的金刚区，为了节约用户选择的时间，把一些不是常用的选项隐藏在"更多"中，用户可以根据重要等级来定制属于自己的金刚区图标，来提高选择效率。

▲ 叽里呱啦

叽里呱啦儿童英语学习 App 中，首界面仅仅将主要课程标签进行排列，并未增加其他干扰性内容，更直观地让儿童进行快速操作选择。

图4-38 支付宝和叽里呱啦App界面

聚类区分

聚类区分就是一些平台类或购物类等产品中，由于功能比较多或是需要罗列细节选项内容比较多，当在同一界面中出现多选项内容不可避免的情况时，可以对选项内容进行权重或类别的区分，提供信息内容层级，方便用户快速定位到选项（图4-39）。

▲ 盒马

盒马 App，电商平台涉及的商品种类繁多，为了节约用户选择或浏览商品的时间，进行了两个层级的商品分类，以让用户快速作出选择。

▲ 小小优趣

小小优趣儿童 App 中，更是将适合不同年龄阶段、学习级别和主题的内容进行不同归类，方便儿童找到合适自己的视频或动画内容。

图4-39 盒马和小小优趣App界面

▌步骤梳理

步骤梳理就是在进行产品交互流程设计时，可以将产品的复杂任务分步骤进行，每一步骤只专注当前行为，这样分步骤的设计可以节约用户作出反应或决定的时间。步骤梳理通常用于填写资料、登录注册流程、付款流程等这些容易让用户心理产生烦琐感的设计中（图4-40）。

▲ 作业帮

作业帮 App 登录界面，通过一步一步分步骤进行，一个界面需要输入基本信息，下一个界面需要输入学习内容，通过分步骤来降低用户填写信息时所产生的心理烦琐感。这也解释了为什么在很多类似产品登录注册等界面大多都采用这种分步骤的分屏设计，而不是瀑布流的设计来节约屏幕的分屏跳转时间。

图4-40　作业帮App界面

4.7 米勒定律

米勒定律又称神奇的7±2数字法则,根据米勒(George A. Miller)的分析,从心理学角度出发,人们对信息的处理是有限的,人脑在短期记忆阶段可以记住7±2个组块,也就是说,人的大脑最多同时处理5~9个信息。米勒定律对设计师主要有以下几个启示。

选项数量控制

选项数量控制就是指在同一界面中,同一类功能或相似功能罗列在一起的导航或选项卡的数量尽量不要超过9个(图4-41)。

微信▶

微信 App 中底部标签栏,点击"我"标签选项,界面上显示了 7 个子功能模块。

◀喜马拉雅儿童

喜马拉雅儿童版 App 中,图标导航栏中也仅呈现 7 个可直接点选图标,并把其他功能折叠进第八个 icon 查看全部操作。

图4-41 微信和喜马拉雅儿童App界面

▍分段处理

分段处理就是指当设计一连串数字、字母或文字的时候，可以考虑分段式处理的方式，将大段的数字、字母拆分成一小段一小段的，来辅助用户进行记忆核对，或将文字进行分段空行处理，让用户适时地进行阅读停顿，来缓解大段长时间阅读所带来的视觉疲劳（图4-42）。

▲ **苹果钱包**

苹果钱包 App 的界面中，或是类似让用户输入银行卡号信息的很多产品界面中，银行卡卡号一般都是采用 4 位数字一空格的分段式设计，来方便用户记忆和核对银行卡账号。

▲ **扇贝阅读**

扇贝阅读 App 当中，会把相关阅读文案分割成一个个小段落，并在段落间空行，来减轻用户阅读长篇文案的视觉负担。

图4-42 苹果钱包和扇贝阅读App界面

图标（icon）数量控制

图标（icon）数量控制是指在 App中标签栏、导航或品类区、金刚区等的图标排列，一排的图标数量尽量不要超过5个（图4-43）。

▲ 拼多多

拼多多 App 的首页界面，即使像这种商品种类如此繁多的电子商务类平台，其品类区的 icon 或图片也没有超过 5 个。

▲ 叫叫

叫叫儿童 App 中，考虑到低龄儿童产品，为了减少孩子的视觉负担，每排 icon 也仅为 4 个，更加方便儿童理解记忆。

图4-43 拼多多和叫叫App界面

137

4.8 特斯勒复杂性守恒定律

特斯勒复杂性守恒定律是拉里·特斯勒（Larry Tesler）在1984年提出的，认为每个事物都具有其固有的复杂性，无法简化。对交互设计意味着：每个App都有其内在的、无法简化的复杂性，不要对流程或功能进行过度简化。

记忆功能

记忆功能是指目前大部分的移动端应用常常引入第三方账号登录，或直接记录上一次登录时的手机号码一键登录，简化注册或登录账号的复杂性（图4-44）。

不背单词 ▶

不背单词 App 在登录时，可直接获取用户手机号码实现一键登录，也可以选择上一次登录的第三方软件直接进行登录，从而减轻用户的输入负担。

◀ 多邻国

多邻国 App 在登录时，可继续上次离开时继续登录，也可以先进行体验再进行登录操作，界面简洁，简化了登录或注册的流程。

图4-44 不背单词和多邻国App界面

▌自动联想

自动联想就是指目前大部分的移动端应用中，在进行搜索时，当输入字符后系统会自动同步联想搜索频次比较高的搜索列表或记录近期的历史搜索结果，提供快捷选项设计来提高用户的搜索效率（图4-45）。

▲宝宝巴士

宝宝巴士App中的搜索输入框，当用户输入想体验的应用或想观看视频的部分文字时，系统会自动推荐可能出现的快捷选项来提高用户搜索效率。系统还会自动记录近期曾经搜索过的历史搜索关键词，方便用户再一次直接选择进行快速搜索。

图4-45 宝宝巴士App界面

快捷标签

快捷标签是指移动端应用会把可能高频次出现的一些发消息行为的内容给予快捷选项列表，供用户备注信息或回复等行为快速作出选择（图4-46）。

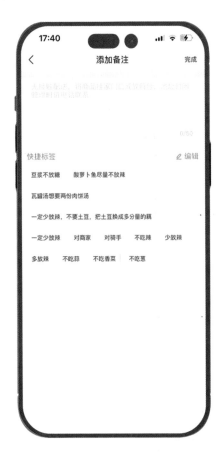

▲ 美团

美团 App 点外卖后点击备注，在跳转界面的信息栏中，针对用户的一些口味偏好，系统会提供快捷标签给用户对商家配餐时进行快速留言备注。

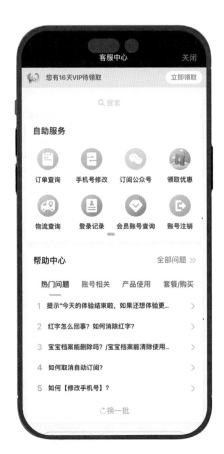

▲ 洪恩识字

洪恩识字 App 中，当家长对应用的使用问题有疑惑时，可以打开应用中的客服中心进行咨询。在帮助中心一栏就将问题分门别类，并把热门问题很直观地呈现给用户，这时用户就可以根据自己情况来直接选择这些快捷标签从而实现问题的高效解决。

图4-46 美团和洪恩识字App界面

▋整理归纳

整理归纳就是指当移动端应用的功能过于庞杂时，可以对这些复杂功能分门别类地进行选项整理归类，或把一些不常用的功能进行隐藏收纳（图4-47）。

▲ 故宫展览

故宫展览 App 中，"全部展览"页面显示109 个各种展览，点击界面右上角"筛选"图标按钮，出现的菜单中隐藏了对于展览的分类与展出时期。

▲ 小小优趣

小小优趣 App 中的分类界面，应用首页只有最新的动画、电影和听听，并没有根据语言、年龄、级别等类型进行分类，点击首页的"全部分类"按钮，出现的分类菜单中，就出现了针对不同儿童受众的视频与音频。

图4-47 故宫展览和小小优趣App界面

减量增效

减量增效是指当移动端应用面对不同的用户角色，功能强大而庞杂时，系统可以对功能进行拆分，给App减重，拆分成面向不同用户的App，从而提高用户效率（图4-48）。

▲ 趣配音

▲ 学而思

趣配音 App，它主要的用户群体是想练习英语口语的成年人与儿童，为了不同的用户角色都能很好地体验配音的乐趣，平台系统根据成年人与少儿用户不同，把一个庞杂的平台拆分成英语趣配音和少儿趣配音两个独立的 App。

学而思 App，根据用户学习需求程度不同，把平台拆分成学而思 1 对 1、学而思网校、学而思三个独立 App。

图4-48 趣配音和学而思App界面

4.9 奥卡姆剃刀原理

奥卡姆剃刀原理是由中世纪（13—14世纪）英国学者、逻辑学家奥卡姆的威廉（William of Occam）提出的，其核心是"如无必要，勿增实体"，即切勿浪费较多的东西去做用较少的东西同样可以做好的事情，这就是"简单有效原理"。对交互设计意味着：删繁就简，在不影响整体功能的情况下应该尽可能地减少那些不必要的元素（视觉、交互、功能等）。对设计师主要有以下几个启示。

流程整合

流程整合是指在移动端应用的交互逻辑流程设计时，应尽可能地缩减用户跳转路径，整合多余烦琐的流程，简化用户操作，带来简单、愉悦的用户体验感（图4-49~图4-51）。

▲ 京东充值

京东商城 App 的手机充值界面，选择充值金额后，还需要用户点击下面的"立即充值"按钮进行充值确认后，才能进行充值。

▲ 微信充值

微信 App 的手机充值界面，选择金额后直接进行充值，简化了用户的操作，缩减了用户手指移动路径。

图4-49 京东和微信充值界面

京东充值▶

京东商城 App 中点击"立即充值"后直接跳转到确认付款界面，
点击"确认付款"即完成了充值。

图4-50 京东充值界面

▲微信充值

微信中点出充值金额按钮后，还有好几个步骤的界面来确认付款，流程显得有点多余。

图4-51 微信充值界面

体验一致性

体验一致性是指无论什么场景下，产品都需要保持体验的一致性，因为杂乱无章的元素组件布局会让用户在浏览的时候增加认知或学习负担，不要平白无故地为了创新而增加新的元素组件，如无必要，勿增实体（图4-52）。

▲ 苹果手机计算器

苹果手机计算器的界面，上部分显示数字，下部分由数字与运算符号组成，界面简洁易操作。

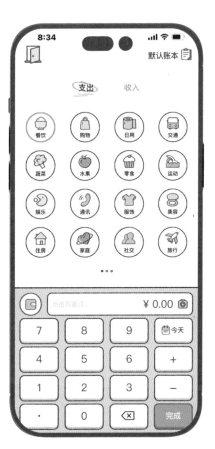

▲ 喵喵记账

喵喵记账 App，底部记账的部分，同样沿用计算器相同的布局与操作，有效降低了用户的认知或学习负担。

图4-52 苹果手机计算器和喵喵记账App界面

▍突出重点信息

突出重点信息是指避免增加无意义的视觉元素，只放置一些必要的操作元素，突出主要功能信息，以吸引用户的注意，使用户能专注并沉浸在当前界面上。例如：保持界面的大量留白处理，当界面需要文字时，尽量使用识别度较高的文字，提升内容的可读性，在颜色上使用较强冲击力的色彩对比（图4-53）。

▲ 抖音

抖音 App 的首页界面，它的整个界面就是满屏的短视频，底部标签栏和上面的导航栏都是纯文字设计，连图标都省略了。

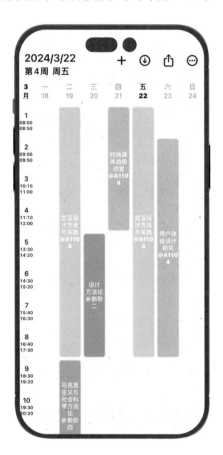

▲ **Wakeup**

Wakeup 课程表 App 的首页界面，非常醒目地显示时间、星期和课程信息，设置功能与其他使用频次较低的功能隐藏在右上角的图标中。

图4-53　抖音和Wakeup App界面

▌颜色字体使用克制

颜色字体使用克制是指为了避免产品界面过于花哨，给用户增加额外的视觉识别负担或视觉噪声，在产品界面设计中，应尽可能确保主色调的统一、字体的统一，尽量选择1~2种颜色、1~2种字体贯穿整个产品界面设计（图4-54）。

▲ 薄荷阅读

在薄荷阅读 App 中进行材料阅读时，整体界面为单彩色的设计，仅运用青绿色强调完成及播放按钮的可操作性。文本上也注重中英文字体的统一，保证用户在阅读时能保持足够的沉浸感，避免出现过多的干扰性设计而影响读者的阅读体验。

▲ 多邻国

在多邻国 App 中进行英语学习时，整体界面除了 IP 形象与学习进度有色彩，其他内容都通过黑白灰来展示，同时字体也注重中英文统一，只有当用户完成答题时，界面底部"检查"按钮才变为绿色，保证用户在答题时能保证足够的专注，避免出现过多的干扰性设计影响读者的学习体验。

图4-54 薄荷阅读和多邻国App界面

通过用户研究、竞品分析等过程确定产品的需求范围后，首先需要构建整个交互产品的信息架构，然后用信息内容组织方法来确定交互界面中的信息内容是如何呈现的。根据这些需要呈现的信息内容，交互设计师需要设计交互产品的Low-fi低保真原型，获得详尽的交互说明文档，一方面用于向开发工程师进行说明，使开发工程师能够对产品的功能有正确的理解，另一方面与视觉设计师对接进行产品的视觉界面设计。Hi-fi高保真原型、T原型是让用户提前体验产品、交流设计构想、展示产品细节交互流程及动效的有效方式，是用于表达产品功能和内容的效果图。

第 5 章　交互原型设计

5.1 信息架构图

　　信息架构就是合理地组织信息的展现形式，在交互设计中，对交互的内容信息进行层级梳理和组织，把看不见的框架转化为产品的一个个功能和交互，每部分要按怎样的路径进行展示，才能让用户达成使用目标。"搭建合理的结构，让信息顺畅流通"是交互设计师必须具备的一项技能。

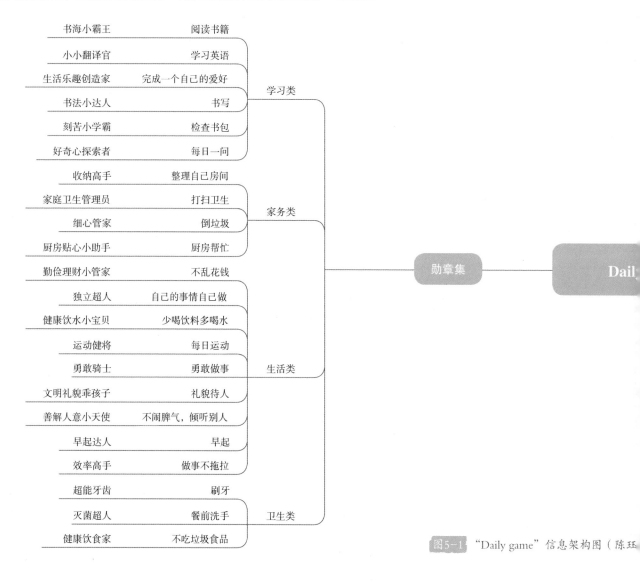

图5-1　"Daily game"信息架构图（陈玨

　　Daily game App是由北京服装学院师生创作的一款让儿童养成良好生活、学习等习惯的概念产品，如图5-1所示的Daily game儿童端信息架构图分为地图、任务、故事集、勋章集及侧边栏几个模块，地图模块由21天的关卡任务完成一个个的小游戏，获得奖励积分，奖励积分可以用于兑换勋章集中的学习类、家务类、生活类、卫生类的成果勋章，通过信息架构图可以一目了然地呈现产品的功能和交互，梳理产品的信息层级。

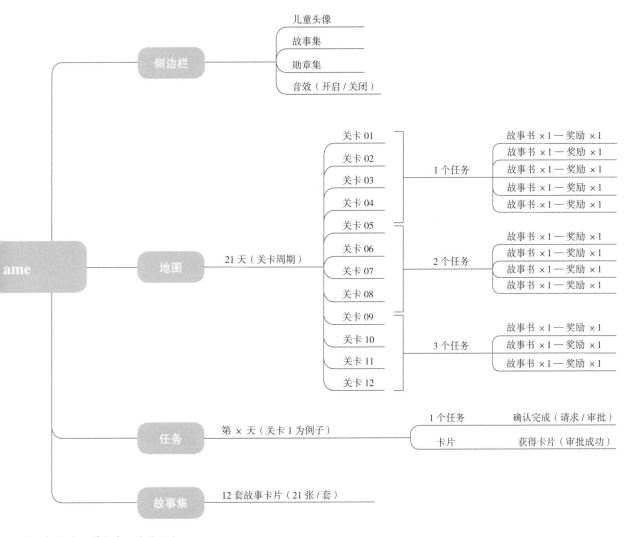

（肖肖、龙逸波、夏安南、张文怡）

5.2 LATCH 信息架构法

　　LATCH信息架构法是由理查德·索·乌曼（Richard Saul Wurman）开发的用于组织信息的方法。他提出了"五帽架"概念，即组织信息的五种方法——位置（Location，L）、字母（Alphabet，A）、时间（Time，T）、类别（Category，C）、层级（Hierarchy，H），构成LATCH信息组织原则（图5-2）。理查德·索·乌曼是一名作家、设计师、知名的TED研讨会的创建者，他创造了"信息架构师"这个术语来应对当代社会信息的不断增长和爆炸。

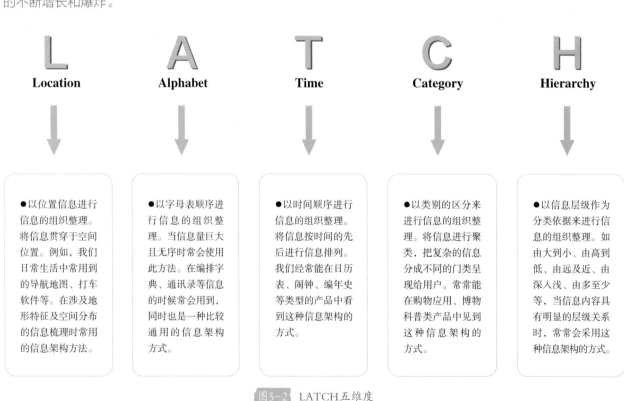

L	**A**	**T**	**C**	**H**
Location	**Alphabet**	**Time**	**Category**	**Hierarchy**
●以位置信息进行信息的组织整理。将信息贯穿于空间位置。例如，我们日常生活中常用到的导航地图、打车软件等。在涉及地形特征及空间分布的信息梳理时常用的信息架构方法。	●以字母表顺序进行信息的组织整理。当信息量巨大且无序时常会使用此方法。在编排字典、通讯录等信息的时候常会用到，同时也是一种比较通用的信息架构方式。	●以时间顺序进行信息的组织整理。将信息按时间的先后进行信息排列。我们经常能在日历表、闹钟、编年史等类型的产品中看到这种信息架构的方式。	●以类别的区分来进行信息的组织整理。将信息进行聚类，把复杂的信息分成不同的门类呈现给用户。常常能在购物应用、博物科普类产品中见到这种信息架构的方式。	●以信息层级作为分类依据来进行信息的组织整理。如由大到小、由高到低、由远及近、由深入浅、由多至少等，当信息内容具有明显的层级关系时，常常会采用这种信息架构的方式。

图5-2　LATCH五维度

Location 位置

位置（Location）：按位置为参照组织信息。

　　按位置为参照组织信息，常见于人们身边的地图、交通路线图和旅游攻略。如图5-3所示江南百景图App是模拟经营类游戏，首页界面按照地理位置组织信息，在布满房屋、树木等的三维山水画卷中感受明朝水乡的日常，建造自己的水乡桃源。儿童可以在地理位置信息组织的首页界面中模拟城市设计师，兴造建筑、规划布局，经营赚钱。古北水镇App是以攻略导览为主要功能的应用，以手绘地理位置信息作为主界面让游玩者清晰看到线路进行旅行规划。

▲ 江南百景图　　　　　　　　▲ 古北水镇

图5-3　江南百景图和古北水镇App界面

Alphabet 字母

字母（Alphabet）：按字母顺序组织信息。

　　按字母顺序来组织信息在组织海量信息时十分有用，常用于字典、百科全书、通讯录等。如图5-4所示，全知识App中的全画作中的流派模块，因为流派信息量很大，按照字母顺序来组织并设计海量信息界面时是一种非常高效及可视化的方法。Puzzle是一款北京服装学院创作的儿童学英语概念设计App，在让低龄儿童在情景中学习26个字母时，设计了26个以字母顺序编排的按钮，让儿童在iPad中直接点击字母，屏幕下方出现相应首字母的单词，来获得视觉刺激，达到更好地习得字母的目的。

▲ 全知识 App 界面

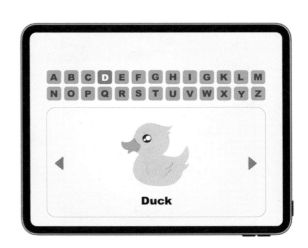

▲ Puzzle 概念 App 界面（白雪）

图5-4　Alphabet字母示意

Time 时间

时间（Time）：按时间顺序组织信息。

按时间顺序组织信息，常见于人们身边的日历、信息时间表、历史大事记。如图5-5所示，全知识App的时空柱模块按照时间顺序组织编排界面上的信息，让儿童学习历史变得可见即可得。历史小衣橱App是一款北京服装学院创作的儿童学习服饰文化历史的概念设计App，历史时间线对于研究服饰的发展史很重要，因此在这款概念App产品中，主界面以时间来组织服饰长廊，让儿童在长卷的滑动中体验清晰的服饰历史线。

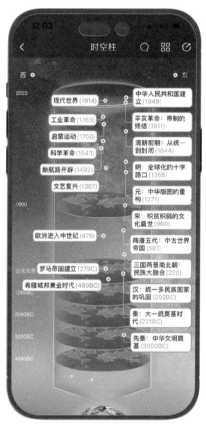

▲ 全知识 App 界面

▲ 历史小衣橱 App 界面

图5-5　Time时间示意

Category 类别

类别（Category）：按类别分类组织信息。

按类别分类组织信息，常见于购物网站，由于商品繁杂，购物网站就会将商品按类型群组分类，像服装类、食品类、电子配件类等，方便用户找到需要的类别。如图5-6所示，西窗烛App是一款弘扬中华优秀传统文化的古诗词应用，首界面是按照书籍、选集、主题、写景等类别组织界面信息。宝宝巴士App首界面的底部标签栏，按照好看、好玩、好听类别对视频、游戏、音频等内容进行分类来组织界面信息。

▲ 西窗烛 App 界面

▲ 宝宝巴士 App 界面

图5-6　Category类别示意

Hierarchy 层级

层级（Hierarchy）：按信息层级组织信息。

按信息层级来组织信息，常见于人们在网站购物时，商品可以选择按销量由多到少排序，在外卖点餐时，可以选择配送范围从近到远排序，也可以按人均价格从低到高排序。如图5-7所示，宝宝巴士App初始登录界面时，选择用户信息按照年龄由小到大的层级来组织界面信息。多邻国App首界面以游戏行进的方式一步一步按照语言学习由难到易的层级递进来组织界面信息。

▲ 宝宝巴士 **App** 界面

▲ 多邻国 **App** 界面

图5-7　Hierarchy层级示意

5.3 交互原型

Low-fi 低保真原型

低保真原型主要是指对交互产品的草图设计，用手绘纸原型或简单的线框图等来模拟系统的交互效果，将设计概念转换为有形的、可测试的简便快捷方法。它首要的也最重要的作用是检查和测试产品的初步功能，快速验证设计方案的可行性和可用性，重点不在于产品的视觉外观。低保真原型通常只包含最基本的功能和界面元素，因此设计师不用花费太多的时间和精力。

低保真原型常常被应用于设计产出阶段的初期，帮助设计师快速验证想法，从团队层面形成一致的理解，但并不能完全模拟出产品最终的真实效果，使用测试的反馈也不够准确。

《奇妙茶坊》概念App低保真原型如图5-8所示。

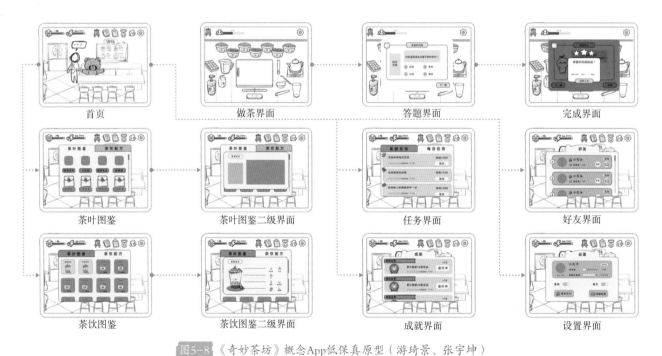

图5-8 《奇妙茶坊》概念App低保真原型（游琦景、张宇坤）

Hi-fi 高保真原型

高保真原型是进行真实的交互效果模拟，通常使用交互设计工具（如Sketch或Figma等）来制作。高保真原型往往呈现了交互产品的逼真效果，是对用户真实使用情况的模拟，因此需要包含完整的设计元素和功能，以便于更准确地模拟用户交互的体验。

高保真原型往往应用于设计产出阶段的中后期，可以更准确地模拟交互体验，增强设计方案的可用性和易用性。但制作高保真原型往往需要更多的时间和精力，因此最好建立在扎实的低保真原型逻辑基础之上。

《奇妙茶坊》概念App高保真原型如图5-9所示。

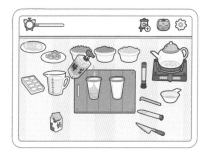

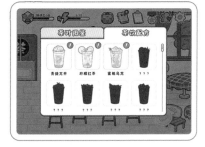

图5-9 《奇妙茶坊》概念App高保真原型（游琦景、张宇坤）

T 原型

　　T原型是一种可以让设计师在保真度和时间、成本之间折中的原型。它将原型拆分为水平原型和垂直原型两个纬度去制作。水平方向表示同一层级上的多个页面，垂直方向表示子层级上的各个页面或视图。这种原型只需要制作第一层级界面的跳转和核心功能的二级、三级等用户操作路径，展示产品核心功能，虽然用户可以看到首页里所有的菜单和第一层级界面的跳转，并且可以自由地选择首页任意功能，但实际上被选择的非核心功能是不能用的（图5-10）。

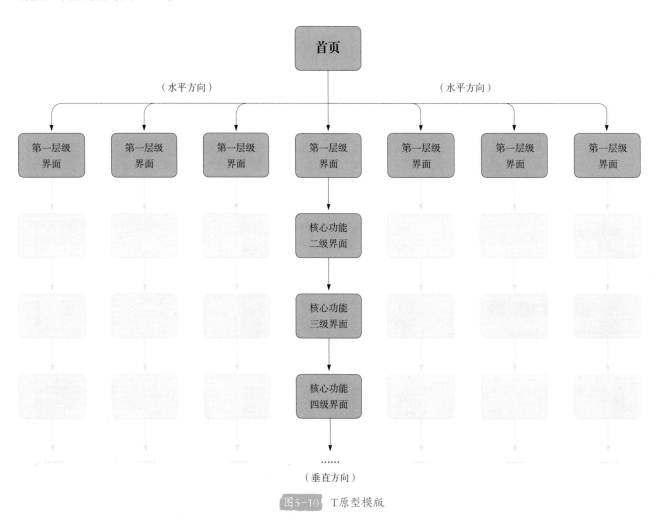

图5-10 T原型模版

　　《噗噗猪》App是北京服装学院创作的一款向儿童进行身体科普的概念产品，主要通过噗噗猪一家的生活故事进行科普，并在情景中引出对身体问题的思考和解答。如图5-11所示，《噗噗猪》T原型中的水平方向第一层级主要有内容科普、道具互动、人物切换、房间装饰和设置板块，这些板块在T原型设计中，只要点击能出现子界面即可，不需要详细展示功能。其中内容科普是该概念产品的核心功能，可以进行T原型的垂直方向深入演示产品功能，点击首页的噗噗猪即可进入，弹出的左列按钮列表为身体系统分类，右列按钮列表为科普故事内容，点击右列的科普故事内容即可进入故事科普视频，看完视频后儿童可进行问答题目测试，答对全部测试可获得相应奖品。

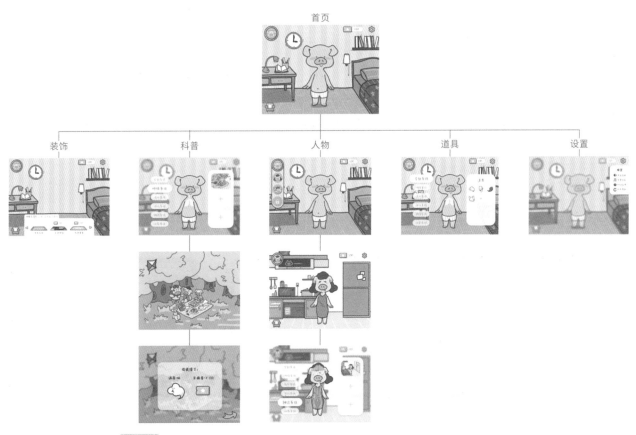

图5-11　《噗噗猪》概念App的T原型（温玉婷、田悦、车悦、张嘉琦、方慧娴）

5.4 交互说明文档

　　交互说明文档是交互设计师工作告一段落的交付物，是关于产品功能、层次结构、动效、逻辑跳转关系的一份详细交互说明书，一方面用于给开发人员快速理解产品方案，另一方面提供给视觉设计师在基于产品功能原型的基础上进行产品的视觉界面设计。图5-12、图5-13所示为儿童友好交互案例《茶斋之旅》的交互说明文档。

①

情境描述：
由斗茶界面进入该页面，右上头像即为玩家等级，经过不断升级可获得不同荣誉称号。

交互要求：
点击左上角返回上级界面下图的卡牌框为斗茶的三类步骤，即"茶色，水痕，茶香"三类。

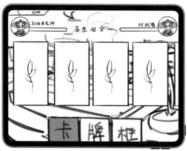

②

情境描述：
玩家选择"茶色"下列卡牌，对手也随机选择卡牌。

交互要求：
点击右上角返回上一级界面，玩家选择"茶色"卡牌对战，选择后跳转至③的左边玩家头像下的位置上。

③

情境描述：
玩家选择"茶色"卡牌后，播放该卡牌对应的相关动画场景。

交互要求：
点击右上角返回上级界面，播放动画后自动跳转至④"水痕"选择。

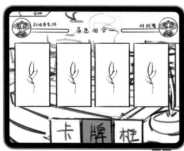

④

情境描述：
玩家选择"水痕"卡牌，对手也随机选择卡牌。

交互要求：
点击右上角返回上级界面，玩家选择"水痕"卡牌对战，选择后跳转至⑤的左边，玩家头像下的位置上。

⑤

情境描述：
玩家选择"水痕"卡牌后，播放该卡牌对应的相关动画场景。

交互要求：
点击右上角返回上级界面，播放动画后自动跳转至⑥"茶香"选择。

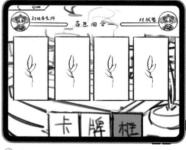

⑥

情境描述：
玩家选择"茶香"卡牌，对手也随机选择卡牌。

交互要求：
点击右上角返回上级界面，玩家选择"茶香"卡牌对战，选择后跳转至玩家头像下的位置上。

图5-12　《茶斋之旅》交互说明文档（姚翼泽、吴圣浩、齐宏、柳硕达、何颖娴）

主界面
与客人对话客人告知需求
点击空白处继续

茶鉴：

兑换：

集册：

故事：

夜间模式

设置： 家长控制： 问题反馈：

图5-13 交互说明文档示意

163

未来的交互会是什么样呢？未来会不会有交互存在呢？就像人们出门的时候取出钥匙，关上了家里或办公室的大门，但是走在路上的时候还在回忆或思索自己到底有没有关门，因为脑海里并没有记忆这个动作，而关门的行为在无意识的状态下自然而然地就完成了，假如这个时候门能给我们一个智能反馈，那这种交互关系就更有设计的温度。

　　交互设计正是这种人与物、人与环境、人与有形界面（软件或实物）或无形介质之间的沟通。但是仅仅沟通就行了嘛？那将不是一个好的交互设计，它的目标是构建人与它物之间愉悦、和谐的关系。而这种沟通的介质未来可能朝着什么方向发展，将直接影响未来交互的方向和质量。

　　科技进步日新月异，有时会翻天覆地，要预知未来的交互谈何容易，但我们仍然想设想未来，因为有一点可以确信——未来的交互一定是朝着自然、无形、无意识、智能、情感这几个方向并进，因为未来的交互一定是本着为儿童带来更美好的体验、服务和福祉为目的。

第6章　未来展望

6.1 自然：革新的操作

自然的交互方式将成为交互设计未来发展的主流方向，在儿童交互设计中，为了培养儿童主动探索及避免儿童沉溺于电子产品，物理操作+交互行为可能是未来儿童交互革新的方向。

为什么需要传统物理操作？

（1）儿童需要体验真实环境，去感受和触摸现实世界。对于低龄的儿童而言，触觉是他们理解世界的重要途径之一。

（2）家长不希望儿童沉迷于电子产品，为了儿童的用眼健康，相比于纯线上产品，家长更愿意购买实体的产品。

为什么要进行交互行为？

（1）产品之间的交互、产品与儿童的交互，都让儿童在使用中有更自由的操作，实现更多的想法，开拓更广阔的思维。在儿童智力开发和教育中，多模块和高自由度是一个重要趋势。

（2）随着儿童年龄的增长，产品可能不再适龄，但是操作的交互行为带来的高度可玩性和自由开拓性，可以帮助产品有更大的适用空间，延长产品的使用寿命。

儿童交互革新的操作类别

（1）传统产品+新媒介的触屏反馈：赋予传统产品触屏时代的交互反馈机制。例如《嘟嘟习惯养成记》会动的绘本系列产品，赋予传统纸质绘本具有触屏类电子产品的交互和反馈。

（2）App+传统产品的物理操作：孩子以自然的交互模式赋予电子产品物理产品的触感。例如附录7中的《躲猫猫书》产品，在App上加入物理的放大镜与App产品的互动来增加产品的趣味性。再如《Tacto Coding》通过一系列的硬件组件与平板电脑中的App进行交互。

（3）沉浸式的数字化空间+交互行为体验：将硬件和软件与用户行为相结合，开发各种适合儿童自然交互的可玩场景墙面。例如附录7中列出的韩国多媒体公司Raonsquare开发的《PLAYDODO》儿童互动音乐触摸墙，儿童拍打墙面就能实现各种乐器的交互反馈。

6.2 无形：设计的"消失"

随着人工智能算法和算力的指数性增长，越来越多的交互场景将会主动识别到人的各种动作、姿势、皮肤、表情、情绪及内在情感等，人与产品的交互将逐渐变得不可见，产品通过对用户的情境感知能力，能感用户所感，知用户所知，达到人与产品融为一体的和谐统一。

儿童用于交互所持有的产品外观设计将会物理性消失，儿童与产品的交互将会变得越来越无形。譬如我们最早使用现金进行购物，慢慢地通过手机扫码支付，到后来干脆连手机也不需要了，直接刷脸支付，支付体验变得越来越"无形"，数字货币让纸币交易场景变得逐渐消失。

儿童正通过各式各样的屏幕与各种科技接触，但屏幕真的是儿童使用科技的唯一渠道或接口吗？

作为未来交互设计革命的方向，用户所持有的前端外观设计或屏幕将会消失，回顾历史，正如产品设计经历了工艺美术运动、现代主义、体验设计等三个阶段一样，交互设计也同样经历了三个阶段。

（1）图形用户界面（GUI）的诞生阶段——拟物化设计。

交互界面作为刚刚进入市场的互联网产品，通常通过模拟实际场景和实体视觉符号的设计隐喻，让用户认知和接纳屏幕端的产品，使用户没有认知负担和学习成本就很好地介入了数字虚拟界面。

（2）成熟阶段——扁平化设计。

虚拟界面完全被用户认知和接纳后，为了提高设计师的工作效率，批量化生产界面，提高互联网产品竞争力，在同一时期内开发更多功能，从而占领更大的市场，扁平化设计逐渐取代了拟物化设计。

（3）终极阶段——手持实物交互或前端交互的消亡。

计算机算法和算力的指数爆发性地增长，越来越多的交互场景将会被主动识别。更智能的算法和神经网络的学习系统，将逐渐取代手持实物交互或前端的操作和界面。

未来，儿童交互界面将变得更有机、更智能，界面感将会消失，借助更先进的算法和算力，给儿童带来设计的"消失"感。例如：像一粒药一样吃进肚子里的芯片，实时监测儿童身体的各种数据，利用皮肤直接作为界面的新型可穿戴设备（见附录7 HumanAI），利用文身对用户进行人体收集数据，实时监测人体数据，为医生提供患者情况的实时信息（见附录7"智能文身"SkinKit）。

6.3　意识：行为和意识

在更远的未来，交互设计或许会更偏向于"意识"交互，可能完全摒弃了手势、语音、眼动、肢体等交互，通过意识、意念来操控设备，操控虚拟或现实的世界。可以通过一些可穿戴设备或植入人体的智能芯片，在意念的控制下，人类的大脑怎么想，便会出现相应的行为或变化。这种独特的"内心独白"通过行为反馈表达出来，形成了一种无形的、隐含的对话。

意识交互未来能成为可能吗？

意识交互是一种通过脑电波实现的交互方式，它的核心原理是脑机接口（BCI/BMI）技术，其核心是脑电波的采集与量化分析。脑电波是一种使用电生理指标记录大脑活动的方法，它记录大脑活动时的电波变化，是脑神经细胞的电生理活动在大脑皮层或头皮表面的总体反映。

儿童可以通过使用脑机接口技术将大脑信号转化为可识别的指令或操作，用于控制外部设备，如计算机或假肢，通过意念来实现与外界的交互。虽然这不是直接的意识交互，但它在某种程度上实现了通过思维进行外部控制和交流的概念。

神经科学、脑机接口技术等领域的研究正在推动意识交互的发展，通过对大脑活动的研究和解码，科学家已经能够将人的意念转化为文字或简单的指令。然而，目前的技术还远未达到实现广泛应用的水平，意念交互的主要挑战之一是理解和解码人脑中复杂的意念和思维模式。人的思维是非常复杂和个体化的，而且在不同的人之间也存在差异。因此，要实现准确的意识交互，需要更深入的研究和技术的进一步发展。

通过意识交互，人们能够用意念控制外部设备，实现"我想什么，机器就做什么"的行为，就像科幻电影里面的"意念取物"或"隔空取物"。虽然通过意识或意念控制外部设备还有很漫长的路要走，但这一技术的发展前景令人神往。未来，汽车音响、游戏机、机械手、物联网设备等更多的电子产品都能被人的意念控制，甚至可能出现意念互联的"脑联网"。

6.4 智能：创新和技术

随着人工智能技术的迅速发展，交互方式得到了极大的拓展和创新，智能交互正在成为创新实践中不可或缺的一环。智能技术的使用拓展了交互的感官体验和操作方式，促使人与物、环境及系统之间的交流变得自然、直接且高效。同时，良好的交互设计可以提高智能系统的可用性和用户体验，如图像识别和人脸支付等，已经渗透到人们生活的方方面面，数据分析、机器学习、自然语言处理和计算机视觉等技术应用，让设计变得更加个性化和无意识。

如何实现智能创新交互呢？

（1）整合人工智能技术：利用人工智能技术，如机器学习、自然语言处理、计算机视觉等，为交互过程提供智能化的支持。例如，使用自然语言处理技术实现智能对话系统，能够理解用户的意图并提供相应的反馈和建议。

（2）引入创新方法：探索和应用创新方法和工具，如设计思维、产品系统设计、用户体验研究、服务设计、敏捷开发等，促进交互过程中的创新。这些方法可以帮助发现用户需求、提出新的概念和解决方案，并进行迭代和改进。

（3）用户参与和反馈：将用户置于交互设计的核心，积极获取用户的参与和反馈。通过用户研究、用户测试和反馈收集，了解用户需求和体验，从而不断优化交互设计，并提供更贴近用户需求的创新交互体验。

传统意义上讲，儿童与计算机之间的交互主要依赖键盘、鼠标和触摸屏等输入设备，然而，语音识别、视觉识别、触觉反馈、增强现实/虚拟现实/混合现实等技术，改变了设计的媒介和输入输出方式。例如，可以从衣服面料入手，研发智能面料，通过面料进行数据的直接输入输出方式，来实时监控人体的生命体征或呼吸监测，给予直接的皮肤触觉反馈（见附录7 OmniFibers）。虽然对于儿童未来智能创新交互的确切模样还没有确定的答案，但是作为设计师可以畅想未来的方向，并结合技术的实现路径，通过不断创新和探索，让生活变得更美好。

6.5 情感：设计的温度

交互设计注重用户体验，而情感化设计是用户体验设计中极其重要的部分，未来的儿童交互设计将更加注重情感和情绪的表达和共鸣。成功的交互设计不仅能给用户带来功能上的满足，而且能在情感层面对用户产生影响，激发感情并传达意涵，产生深刻的共鸣。也即在交互产品的设计过程中，除了要满足儿童的基本需求外，还应赋予产品一定的"情感温度"。增强儿童与产品之间的互动和黏性，提高儿童对产品的认知和记忆，促进儿童的认知和情感发展。

如何使交互具有情感，产生设计的温度？

（1）交互具有即时过程体验，获得满足感。

每一次与产品互动时，产品可带来有用、易用并好用的用户体验，用户能在与产品互动时产生愉悦、放松的心情，从而获得一种满足感。

（2）交互使人具有心流体验，促使用户进入一种专注状态。

《About Face 4》中提到，心流在心理学中是指一种人们在专注进行某行为时所表现的心理状态，理想的交互设计是专注于促成用户进入心流的状态，因此在设计过程中最核心的关注点应该是用户的目标。最完美的交互设计是让用户除了自己的目标，感受不到其他干扰，从而进入一种专注状态。

（3）交互具有对细节的高度可感知性。

细节，是指设计所有的元素，比如材料、形式、质地等。交互设计师需要十分关注细节，往往一瞬间的情绪感受，就来自某一处细节。然而，设计师对细节的关注常常会消失在从概念到实现的过程中。

儿童友好交互产品可以通过吸引人的视觉形象营造引发儿童的情感共鸣，通过智能语音助手、人工智能、多元化的感官交互等技术手段，让儿童在使用产品时能够获得更加自然、流畅的交互体验，通过个性化提醒和推荐、即时激励的反馈机制等方式，让儿童在使用服务时能够获得更贴心、便捷的体验。例如附录7的Yoto Mini音频播放器通过鲜艳的色彩、小巧的造型、符合儿童手部抓握的按钮，吸引儿童使用。

参考文献

[1] 辛向阳. 交互设计：从物理逻辑到行为逻辑[J]. 装饰, 2015（1）: 58-62.

[2] 艾伦·库伯, 罗伯特·瑞宁, 大伟·克洛林. About Face 4：交互设计精髓[M]. 刘松涛, 译. 北京：电子工业出版社, 2008.

[3] 海伦·夏普, 詹妮弗·普瑞斯, 伊温妮·罗杰斯. 交互设计：超越人机交互[M]. 刘伟, 译. 北京：机械工业出版社, 2020.

[4] Dan Saffer. 交互设计指南[M]. 陈军亮, 陈媛嫄, 李敏, 译. 北京：机械工业出版社, 2010.

[5] 唐纳德·A. 诺曼. 设计心理学[M]. 梅琼, 译. 北京：中信出版社, 2010.

[6] Jon Kolko. 交互设计沉思录[M]. 方舟, 译. 北京：机械工业出版社, 2012.

[7] JBill Moggridge. Designing Interactions[M]. Cambridge：MIT Press, 2006.

[8] 支付宝AUX团队. 支付宝体验设计精髓[M]. 北京：机械工业出版社, 2016.

[9] 罗莎. 设计方法卡牌[M]. 北京：电子工业出版社, 2017.

[10] 陈根. 图解交互设计：UI设计师的必修课[M]. 北京：化学工业出版社, 2020.

[11] 汪晓春. 产品系统设计[M]. 北京：北京邮电大学出版社, 2022.

[12] 丁熊, 刘珊. 产品服务系统设计[M]. 北京：中国建筑工业出版社, 2022.

[13] WingST. 交互思维：详解交互设计师技能树[M]. 北京：电子工业出版社, 2019.

[14] Donald A. Norman. 未来产品的设计[M]. 刘松涛, 译. 北京：电子工业出版社, 2009.

[15] 搜狐新闻客户端UED团队. 设计之下：搜狐新闻客户端的用户体验设计[M]. 北京：电子工业出版社, 2014.

[16] 汪晓春, 纪阳, 曹玉青. 老龄产品开发设计[M]. 北京：北京理工大学出版社, 2014.

[17] 陈琦, 刘儒德. 当代教育心理学[M]. 3版. 北京：北京师范大学出版社, 2019.

[18] 维果茨基. 维果茨基全集（第5/6卷）[M]. 郑发祥, 贾旭杰, 梁秀娟, 等译. 合肥：安徽教育出版社, 2016.

[19] 黛安娜·帕帕拉，萨莉·奥尔兹，露丝·费尔德曼. 孩子的世界——从婴儿期到青春期[M]. 11版. 郝嘉佳，岳盈盈，陈福美，等译. 北京：人民邮电出版社，2013.

[20] 让·皮亚杰. 皮亚杰教育论著选[M]. 卢濬，译. 北京：人民教育出版社，2015.

[21] 阿德勒. 儿童教育心理学[M]. 王童童，译. 北京：中华工商联合出版社，2017.

[22] 爱利克·埃里克森. 生命周期完成式[M]. 广梅芳，译. 北京：世界图书出版社，2020.

[23] 李跃儿. 关键期关键帮助[M]. 北京：国际文化出版公司，2015.

[24] Debra Levin Gelman. 数字时代儿童产品设计[M]. 倪裕伟，译. 武汉：华中科技大学出版社，2017.

[25] 李季湄，冯晓霞.《3~6岁儿童学习与发展指南》解读[M]. 北京：人民教育出版社，2007.

[26] 爱德华·李·桑代克. 卓有成效的学习方法[M]. 北京：中国商业出版社，2016.

[27] 玛丽亚·蒙台梭利. 蒙台梭利儿童敏感手册[M]. 蒙台梭利丛书编委会，译. 北京：中国妇女出版社，2016.

[28] 玛丽亚·蒙台梭利. 童年的秘密[M]. 马荣根，译. 北京：人民教育出版社，2004.

[29] 夏洛特·普桑. 蒙台梭利教育精华：让孩子自信又独立[M]. 尹亚楠，译. 杭州：浙江人民出版社，2020.

[30] 玛丽亚·蒙台梭利. 蒙台梭利早期教育法[M]. 祝东平，译. 北京：中国发展出版社，2003.

[31] 杜威. 民主主义与教育[M]. 王承绪，译. 北京：人民教育出版社，1990.

[32] 李强，吴国清. 杜威实用主义教育思想及其现代启示[J]. 宁波教育学院学报，2021，23（3）：93-96.

[33] 延斯·阿兹. 儿童友好型城市规划手册：为儿童营造美好城市[M]. 陈煊，杨婕，杨薇芬，等译. 纽约：联合国儿童基金会，2019.

[34] 布鲁纳. 布鲁纳教育文化观[M]. 宋文里，黄小鹏，译. 北京：首都师范大学出版社，2011.

[35] 布鲁纳. 教育过程[M]. 上海师范大学外国教育研究室，译. 上海：文化教育出版社，1982.

附录1 儿童友好交互设计案例

咿呀——让孩子爱上传统乐

放学后——童年的纽带

物理小侦探——儿童物理知识科普交互绘本

三星堆小记者——探索神秘的三星堆文化

瑜伽宝宝——来认识瑜伽宝宝吧

水果妈妈——探索奇妙的水果世界

海底繁殖小分队——海洋知识科普交互玩具

零食大作战——鼓励儿童用另一个视角观察世界

奇妙茶坊——奇思巧学，妙想茶趣

磁性交互墙面玩具——从趴着玩到站着玩

嘟嘟习惯养成记——会"动"的交互绘本

节庆的密码——揭秘广西少数民族节庆

今天吃什么——在游戏中学习过敏知识

高 Fun——你也可以很高"分"

PUZZLE——儿童益智类拼词游戏

帮它找到好朋友——儿童垃圾分类交互桌游

动物冒险 GO——儿童交互游戏

噗噗猪

○ 作者：王辰雨、张贵红、杨怡凡、李良斌、段佳龙

指导老师：熊红云、汪润东

扫码观看完整作品

咿呀——让孩子爱上传统乐

设计说明

　　早期国内中国传统乐器的渗透率低，近几年随着儿童学传统乐器的逐渐增多，涌现越来越多的传统乐器教育机构，但与中国传统乐器相关的儿童类应用 App，目前市面上比较少。"咿呀"本着让小朋友了解中国传统乐器的设计目的，通过生动有趣的典故故事、科普动画，与互动游戏的形式，让孩子对中国传统乐器有初步的了解。作品设计的操作机制简单，可让孩子快速上手操作，家长利用碎片化的时间就能带孩子随时随感受传统民乐的魅力。

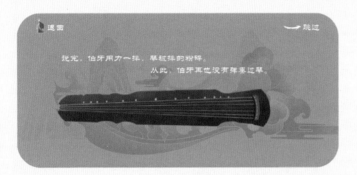

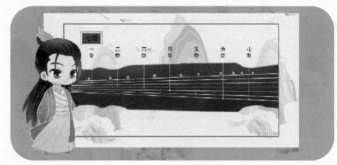

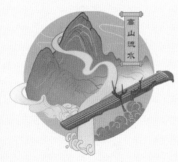

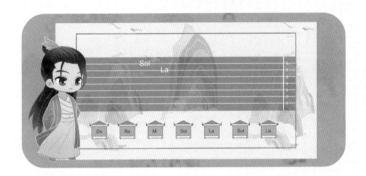

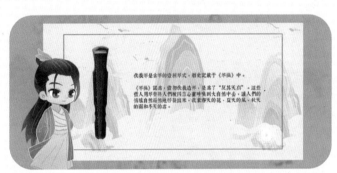

○ 作者：王鹏、王润宇、崔彩瑜、李佳茜、王美淳
指导老师：熊红云、王春蓬、郭飞

放学后——童年的纽带

设计说明

《放学后——童年的纽带》想用一个互动空间来整合这些旧时的零食和玩具，以一种新的交互空间的方式来呈现"70后""80后"父母时代童年的记忆。通过新媒体的方式重新体验旧时代童年的自然操作方式，建立起家长和儿童之间的纽带，建立起儿童虚拟电子和自然活动之间的纽带。

作品通过交互投影、时间线背景墙、零食盒子与卡片几种形式来呈现。整体构思是想通过互动投影的沉浸感让孩子们体验父母时代放学后的童年生活，主线是具有数字沉浸感的虚拟互动小卖部镜头，突出一种时代气息；用20世纪八九十年代时间线做成一个背景墙，用听觉引发情感共鸣让孩子们体验声音的代入感；在实体摊铺前，用零食是一种吸引孩子们注意力的方式，按照这个行为逻辑让孩子们触碰零食旁边的交互点，基于放学后的小卖部场景促进父母与孩子们的沟通，创造共同回忆。

○ 作者：李银鑫
指导老师：熊红云

物理小侦探——儿童物理知识科普交互绘本

扫码观看完整作品

设计说明

　　《物理小侦探》是一款针对儿童物理知识科普的可视化视频及交互绘本。通过研究国内外研究现状、用户定性研究及竞品调研分析，在设计中包含了两个基本逻辑，第一个逻辑是从生活到物理再从物理到生活，第二个逻辑是透过行为设计触发器概念拉近生活与物理概念的联系。

　　家长可以通过交互绘本给孩子科普物理概念，儿童也可以对物理概念进行自主学习，引导儿童在生活中思考背后的物理现象，抓住儿童敏感期，在生活中自然而然地进行儿童物理启蒙。

　　科普内容聚焦儿童在生活中常遇见的现象，拎取出最容易产生物理朴素概念的部分，并结合小学课本、科普课外书中出现的物理概念，如重力原理、摩擦力等，总结出儿童在物理启蒙阶段最容易产生认知冲突的物理内容，进行可视化科普。

为什么洗完澡后不容易穿衣服？

小朋友有没有发现，刚洗完澡后，穿衣服变得困难了？
衣服好像变得黏黏的，紧紧沾在皮肤上，
需要很大的力量才可以穿上。
穿完后感觉衣服紧紧的，活动都不方便啦～
这是为什么呢？

"哎呦"
小光同学每次踢完足球后都会
去洗一把热水澡放松一下。
今天也是踢完足球的日子，
他却要洗澡后感到大叫：
"哎呦，衣服好难穿！"
这是为什么呢？

答案就在这一页！
小朋友们可以扮演侦探后，
从这一页里面寻找线索，
把答案事件诉小光同学，
谜底揭晓下，关键词是：
"摩擦力"

哎呦，衣服好难穿！

"摩擦力"
在桌子上放一本厚厚的大字典，
稍用力推一下，它几乎不怎么
动。现在再来推动一个弹球，轻
轻一推，它就动了。

"摩擦力"是两个物体相互摩擦时
产生的一种阻碍运动的作用力。

大字典和桌子间的"摩擦力"大，
因此很难推大字典移动，而光滑
的弹球与桌子之间的"摩擦力"很
小，轻易就能被推开。

当物体间的接触面积很大或者接
触面很粗糙时，"摩擦力"就会很
大。

湿衣服的"接触面"大
当洗完澡后，人体的皮肤比较湿润，因为水分子
的吸附作用，衣服纤维和皮肤及上面的毛发接触
变得紧密，接触面变大，因此摩擦力随之变大，
造成穿衣服比干时更费劲儿，稀稀疏疏，就会增加
摩擦力，但水量大的时候，就形成润滑了。

干衣服的"接触面"小
在日常情况下，人体的皮肤比较干燥，皮肤（包
括身上的毛发）和衣服的纤维之间有空气，皮肤
和衣服接触不紧，接触面很小，因此衣服和皮肤
之间的摩擦力也很小，所以穿衣服很方便。

| 大接触大摩擦 | 中接触面中摩擦力 | 小小摩擦力 | 小小小接触面 小小小摩擦力 |

小光的感谢
"谢谢你，我知道洗完澡后皮肤湿
润，是摩擦力增大了，摩擦力"的
作用就让我……
在穿衣服困难，
另外你可以告诉我
为什么洗完澡后不容易
讲衣服的故事……
"不便哦"

为什么不可以往窗户外扔东西？

小朋友有没有发现，在小区里、学校里，
会有警示牌上写着大大的：
"为了您和他人的安全，请勿高空抛物！"
看来高空物会带来很大的危险！
那这是为什么呢？

谁扔玩具砸伤我？

救命
救命
救命！

"重力"
地球对人的引力叫作重力。
我们跳起来，还是会被
引力拉回地面。

2019年全年全国各地
"高空抛物"伤人事件
高达399起
21年"高空抛物"入刑法

影响重力大小的因素有质
量和高度，像是有一根橡
皮筋连着鸡蛋与地球，拉
的越远弹
力越大。

重力受质量与高度影响，
当玩具离地球很近，地
球就会轻轻拿着玩具。

当玩具离地
球很远，地
球就会用力
拉玩具啦。

快打120！

调皮小明的感谢
"谢谢你，我知道为什么不可以往扔下东西
啦，原来是因为重力的，我再也不往这
样做了！
另外你可以把力为什么不可以往扔下东西不容易
讲故事问啊～ 小捣蛋！"
"不便哦"

一颗鸡蛋
从楼扔下
就会把人
伤。从十
楼扔下会
人头破
血

○ 作者：王耀、周瑞旸、许阳阳、杨浩冉
指导老师：熊红云、汪润东

三星堆小记者——
探索神秘的三星堆文化

设计说明

　　《三星堆小记者》是一款儿童科普三星堆文化的手机端游戏。在游戏中，玩家将扮演小记者，通过采访游戏人物获取素材，编辑三星堆文化报。玩家可以与虚拟角色互动，拍摄照片、记录话语并保存到素材库，在编辑报纸时，可以自由选择文字、图片、视频等进行设计，并可以在完成后分享给其他小记者或上传到社交媒体。

　　通过这些独特的互动体验和趣味探索，我们希望儿童在玩乐中获得知识，体验到探索和发现的乐趣，同时培养他们对文化遗产的积极态度和责任心。通过我们的游戏，我们相信儿童将能够更加深入地了解和欣赏三星堆文化的独特之处，并将其传承下去。

新石器时代的房址遗迹出土标本上万件，因此得名为"三星堆文化"

三星堆祭祀坑出土文物，重视中国西南古蜀文明。

三星堆工作站 6 次试掘外围土埂，证实城墙为人工修建，并圈定 3.6 平方公里的古城区域。

三
洛桑博
欧洲反
欧洲邀

始于当地农民燕道诚淘沟时发现的一坑玉器。

考古工作者在三星堆的西南和西泉坎进行了两次发掘，找到了三星堆遗址末期的遗存。

国务院单独就三星堆遗址组织评审，当年公布为全国重点文物保护单位

三星堆博物馆奠基

| 1929 | 1981 | 1981—1984 | 1986 | 1988 | 1989—1995 | 1992 |

发掘历程

古蜀文明

三星堆

发饰文化

藏族文化

羌族文化

四川是多民族居住地有汉、藏、彝、回、布依、苗、白、羌、蒙、土、壮、满、纳西、傣等。三星堆青铜人多样发型展示多民族文化交融。

文物在瑞士展出，引起星堆珍宝被出。

三星堆文物禁出境，青铜神树、玉边璋被列入目录。

四川印发《关于加强文物保护利用改革的实施意见》，三星堆与金沙遗址联合申遗成为亮点。

三星堆考古发现青关山大型房屋基址以及多段城墙重要文化遗存，三星堆古城城墙合围。

三星堆博物馆基本陈列获全国博物馆十大精品展，重点展示三星堆古城。

三星堆遗址发现6个"祭祀坑"，出土500多件文物，其中3个坑有象牙。考古工作继续进行。

93   1997   2002   2012—2015   2019   2021

SANXINGDUI SITE

三星堆文化

三星堆是世界文化遗产，填补了中华文明演进序列的重要空缺，是中国文明重要的起源地之一。

考古坑位

三星堆遗址包括多种遗址，最著名的是祭祀遗址，出土青铜神树和大铜面具等文物增进了对三星堆文化的研究。

○ 作者：赵君
指导老师：熊红云

扫码观看完整作品

瑜伽宝宝——来认识瑜伽宝宝吧

设计说明

　　《瑜伽宝宝》是针对 3~6 岁学龄前儿童身体运动认知需求的交互绘本。以儿童瑜伽运动作为设计载体，是一款面向儿童身体运动认知的科普类交互产品。在设计过程中，作者希望通过互动体验的方式，让学龄前儿童能够身临其境地了解到运动的益处和身体的奥秘，从而实现科普信息的有效传达和交流。交互绘本设计的核心在于满足学龄前儿童身体运动认知需求，借助儿童瑜伽等有趣的方式来吸引儿童的注意力和兴趣点，提高科普知识的吸收效果。

193

老虎哥哥摇着尾巴向悄悄走来，悄悄一点也不害怕，反倒学起老虎哥哥的样子来。
小朋友，你也能做一只小老虎吗？

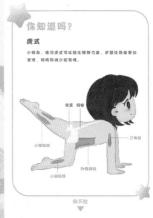

你知道吗？

虎式

小朋友，练习虎式可以强化腰部力量，还能让脊椎更加灵活，帮助和减少驼背哦。

向下拉

保持平和，对自己说"我能做到"，深呼吸，吸气一呼气。
好了，让我们迎接美好的一天吧！

你知道吗？

莲花坐式

练习莲花坐式有助于促进腿部和腰部的血液循环，增强腰腿和腿部力量，同时还可以平静宝宝集中不安的情绪。

向下拉

今天，绿象它已来到了海底世界，热情的鳄鱼叔叔
带着悄悄参观美丽的海洋。

你知道吗？

鳄鱼式

练习鳄鱼式可以强化肩膀、腰部、手臂和腿部力量，帮助宝宝提升注意力哦。

向下拉

《认识瑜伽宝宝吧》—儿童科普交互绘本系列之自然篇

俏俏的奇妙梦想

赵君 绘　指导老师：熊红云

北京服装学院

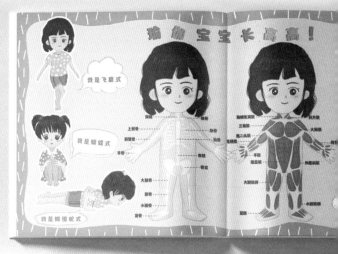

《认识瑜伽宝宝吧》—儿童科普交互绘本系列之室内篇

俏俏快乐的一天

赵君 绘　指导老师：熊红云

北京服装学院

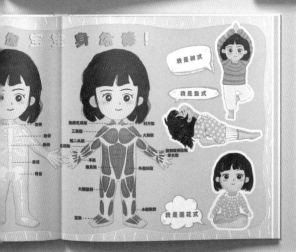

《认识瑜伽宝宝吧》—儿童科普交互绘本系列之动物篇

俏俏的森林奇遇

赵君 绘　指导老师：熊红云

北京服装学院

○ 作者：马晓雯、贾峨垒
　　指导老师：熊红云

扫码观看完整作品

水果妈妈——探索奇妙的水果世界

设计说明

　　《水果妈妈》是软硬结合的植物类科普交互产品，玩家通过帮助水果们找到它们的妈妈，在游戏中了解到水果的生长地，比如苹果长在苹果树上、火龙果生长在叶片上、葡萄长在葡萄藤上……儿童在游戏中不仅可以了解到水果生长在哪里，还可以了解到水果的外形及颜色。

　　产品的主题风格明确，容易被儿童接受，吸引儿童，界面设计中的色彩普遍呈明度高、纯度低的方式；植物们也通过卡通化、拟人化的设计方式呈现；游戏的交互逻辑更为扁平化，目的仍是让孩子更好更快、更轻松地掌握知识。

　　考虑到不应该让孩子长时间使用电子屏幕，故以线上游戏 App 结合线下桌游交互产品形式产出设计作品。我们将线上 App 与线下交互产品相结合，提炼线上设计的主要游戏机制和交互逻辑，并在设计当中结合游戏角色设计，推出一款线下的桌游产品，使儿童不再沉溺于电子产品。

○ 作者：张萌
　　指导老师：熊红云

海底繁殖小分队——
海洋知识科普交互玩具

设计说明

　　《海底繁殖小分队》是一款海洋知识科普交互桌游。通过前期对 100 个海洋生物冷知识的深入调研，最终确立儿童海洋生物科普的主要内容，并确定将目标用户定位为 3 岁以上儿童。产品设计目标内容上，将生涩难懂的知识提炼总结成有趣的故事融入交互桌游中。功能方面，实现竞技游戏、模块化设计、声光感官体验反馈，融合游戏场景材料和环境搭建。通过多次对玩具原型的设计与修改，依次对玩具进行标准件迭代、标准模块的玩法迭代、无交互模块的运用与自由轨道设计以及游戏规则测试，进一步优化《海底繁殖小分队》海洋科普玩具设计，并提出玩具玩法和交互设计方案。桌游造型设计方面，根据信息可视化策略，模块化的设计原则，进行玩具设计。交互方面，通过 Arduino 触控感应，多感官的交互体验反馈，延长儿童静态体验的过程，增强对海洋知识的记忆。

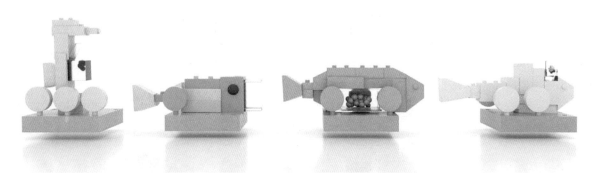

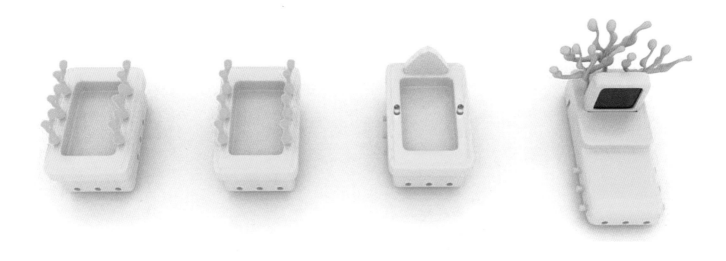

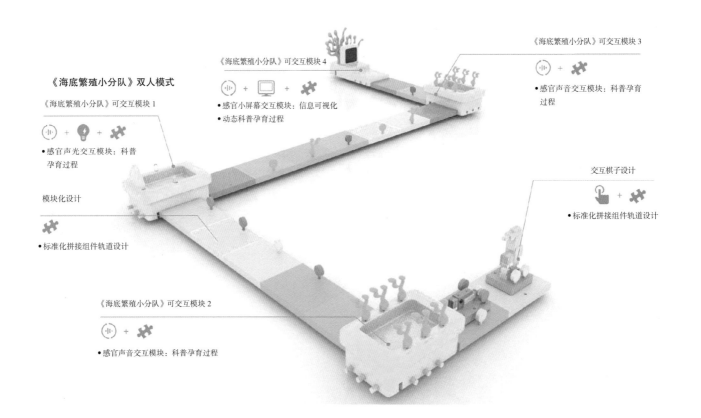

《海底繁殖小分队》双人模式

《海底繁殖小分队》可交互模块 1

• 感官声光交互模块：科普孕育过程

模块化设计

• 标准化拼接组件轨道设计

《海底繁殖小分队》可交互模块 2

• 感官声音交互模块：科普孕育过程

《海底繁殖小分队》可交互模块 4

• 感官小屏幕交互模块：信息可视化
• 动态科普孕育过程

《海底繁殖小分队》可交互模块 3

• 感官声音交互模块：科普孕育过程

交互棋子设计

• 标准化拼接组件轨道设计

海马爸爸的育儿囊

• 海马育儿囊孵化型：将育儿囊设计成透明材质，方便小朋友理解海马的生育原理

海马爸爸目标小组件

• 收集海马爸爸的食物：藤壶幼体

海马爸爸交互棋子

• 触碰交互模块获得互动讲解

海马爸爸奖励小组件

• 获得一枚想要的孕期小组件

○ 作者：郭雅昕、李银鑫
指导老师：熊红云

扫码观看完整作品

零食大作战——鼓励儿童用另一个视角观察世界

又到了开心课下学习时

最健康的菜单会带来强大的力量

保持合作与珍视友情

设计说明

现如今，食品添加剂被广泛应用于食品行业，使得我们可选择的食物种类越来越多。但同时，食品添加剂带来的健康风险仍然是人们始终担忧的问题。对尚未发育完全的儿童而言，这种问题会更加严重和紧迫。所以，我们需要认真培养孩子健康饮食的习惯，让孩子具备健康饮食的基本认识。

但如何教育孩子，让孩子理解健康饮食的理念呢？现实生活中，大多数家长会选择最直接的方式——禁止孩子吃"不健康的零食"，但这样做的结果往往适得其反。《零食大作战》避免了以僵硬机械地灌输来否定"垃圾食品"，而是让孩子通过看图听故事以及利用卡片进行交互，来了解有关营养元素的概念，从而认识生活中什么食物是健康的，什么食物又是需要尽量少吃的，通过让孩子 DIY 来加深孩子对相关知识的印象。这是一个兼具教育意义和交互体验的儿童玩具，让儿童在视、听、触等多感官交互游玩中习得合理健康的饮食方式。

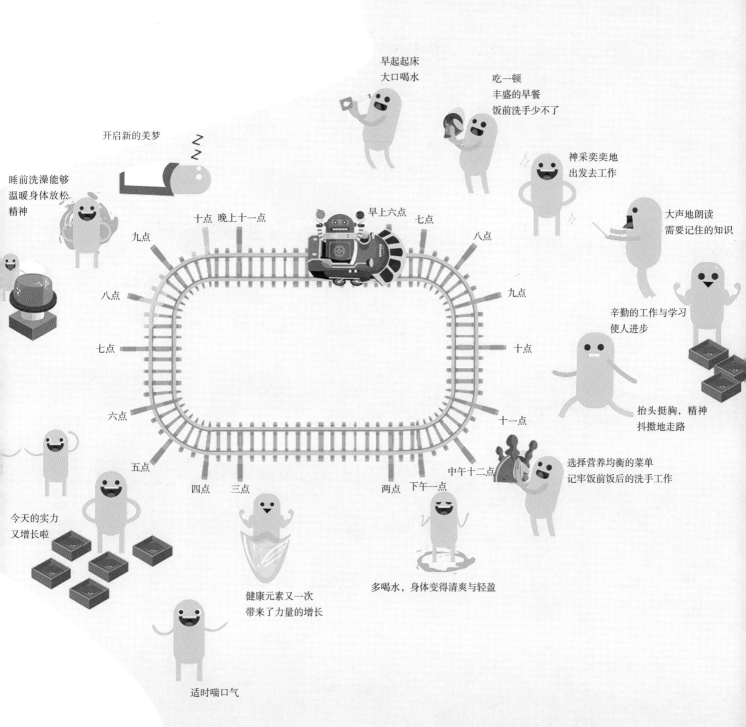

早起起床
大口喝水

吃一顿
丰盛的早餐
饭前洗手少不了

开启新的美梦

神采奕奕地
出发去工作

睡前洗澡能够
温暖身体放松
精神

大声地朗读
需要记住的知识

十点 晚上十一点   早上六点 七点

九点   八点

八点   九点

辛勤的工作与学习
使人进步

七点   十点

六点   十一点

五点   中午十二点

抬头挺胸，精神
抖擞地走路

四点 三点   两点 下午一点

选择营养均衡的菜单
记牢饭前饭后的洗手工作

今天的实力
又增长啦

多喝水，身体变得清爽与轻盈

健康元素又一次
带来了力量的增长

适时喘口气

坏元素

好元素

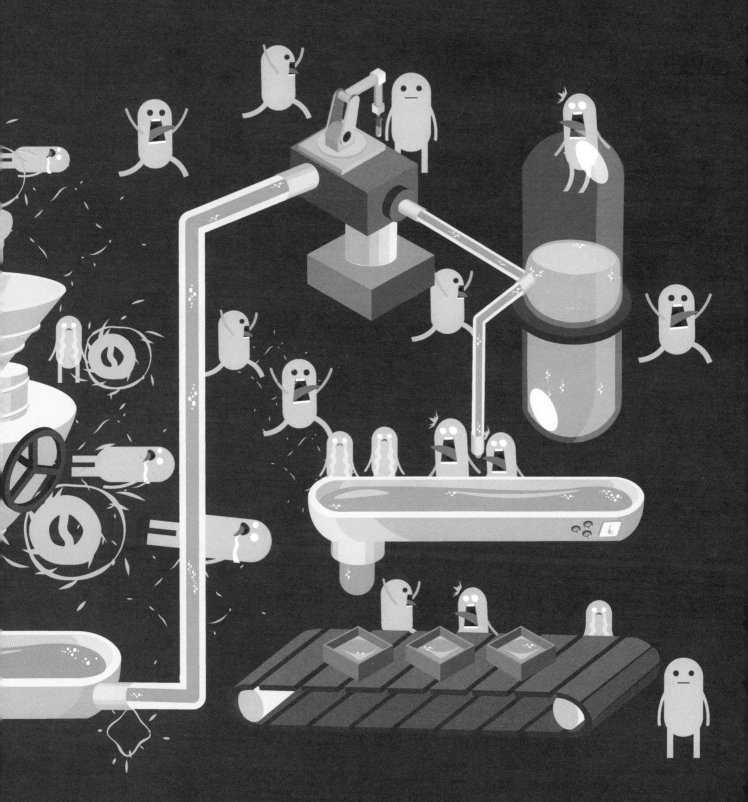

○ 作者：游琦景、张宇坤
　　指导老师：熊红云

奇妙茶坊——奇思巧学，妙想茶趣

设计说明

　　《奇妙茶坊》是一款为学龄前儿童设计的茶文化科普类 App，用游戏的方式让孩子们轻松地学习。每个关卡包含一段科普动画片和一个模拟经营茶饮店的游戏，在做茶饮的同时进行答题以复习巩固学到的知识。答题获得加时卡、经验卡、经验值等道具，增加游戏的趣味性。其中，IP 形象妙妙的灵感来源于生活在山中爱吃叶子的小熊猫，科普讲解的 IP 形象陆羽则是中国的茶圣。

　　中国茶文化反映出中华民族悠久的文明和礼仪，希望《奇妙茶坊》能用孩子喜闻乐见的方式将茶文化传承下去！

奇妙茶坊

茶文化儿童科普App

奇妙茶坊

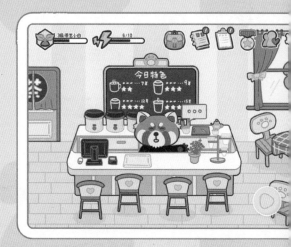

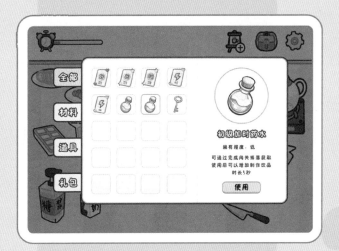

初级加时药水

稀有程度：低

可通过完成闯关掉落获取
使用后可以增加制作饮品
时长5秒

使用

品尝西湖龙井茶

妙妙，你知道西湖龙井吗？

不知道...（挠头）

好吧，为师这就给你讲讲！

西湖龙井要

每周任务　　每日任务

完成"西湖龙井"关卡　　Ex +300　4/10　进行中

与小·熊猫对话一次　　Ex +100　1/1　领取

完成"陆羽的试炼"一次　　1/1

○ 作者：刘晓文、冯珂怡
指导老师：熊红云、王烁

扫码观看完整作品

磁性交互墙面玩具——
从趴着玩到站着玩

设计说明

"磁"在日常生活中会为使用者带来一种富有神秘感的有趣体验，能够引起人们不同的文化和感情共鸣。另外，磁力玩具的 DIY 性强，连接方式灵活，而玩性好，互动性强，易于儿童构建丰富的空间想象力。

《下落的果子》是一款适合大人小孩玩的磁性墙面互动的益智玩具，玩具一侧内嵌磁铁，可以吸在墙上，父母孩子可以从趴在地上玩，变成蹲着或站着轻松地在墙上玩。一套玩具由若干个不同的单元轨组成，轨道之间通过磁力自由组合形成落差，利用球的重力作用在轨道中滚动，最终滚到篮子里到达终点。

《缤纷冒险记》是一款将棋盘磁吸在墙面上的冒险棋游戏，用户通过转盘获得步数在棋盘上前进，途中会触发不同的怪物游戏，增加互动性和趣味性。

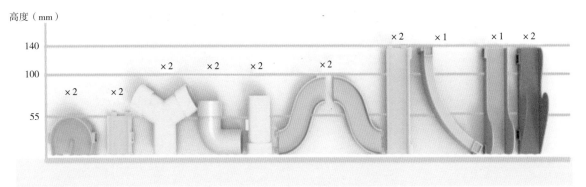

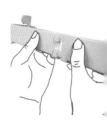

① 两轨插接，延长轨道

② 有磁点的一侧朝墙，
放置玩具。

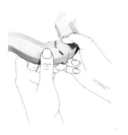

③ 调整轨道的高度和倾斜度
拼接好果子下落路线。

④ 调扭转开关放出小球。

○ 作者：寇雅宁
指导老师：熊红云

扫码观看完整作品

嘟嘟习惯养成记——
会"动"的交互绘本

设计说明

会"动"的交互绘本——嘟嘟习惯养成记系列是以勤洗手、早晚刷牙、按时睡觉为主题设计的一套习惯养成类交互绘本。儿童在阅读的过程中通过按、翻、拉等动作触发电子装置，得到更多有趣的反馈。意在挖掘传统纸质绘本设计的新形式、新思路，将多元化交互方式融入纸质绘本中，扩充传统纸质绘本的内容，形成对儿童视觉、听觉、触觉等多感官刺激，增加传统纸质绘本的趣味性，提升纸质绘本的阅读价值。

会"动"的交互绘本 – 嘟嘟习惯养成系列

会"动"的交互绘本 – 嘟嘟习惯养成系列

熬夜大王和睡觉大王

我的手明明很干净

寇雅宁 绘　指导老师：熊红云

寇雅宁 绘　指导老师：熊红云

北京服装学院

北京服装学院

北京服装学院

喵喵没有洗手就开始吃饭，细菌
们随着食物一起进入喵喵胃里。
在喵喵的胃里跳来跳去。

喵喵喜欢玩玩具，摸宠物。细菌
们开心地跳到了喵喵的手上。

按下放大镜，看看我们的手上究竟有什么？

突然发现自己的牙齿上
个黑黑的洞。

找出正确的刷牙步骤，并按照正确顺序点亮

喵喵的肚子痛了起来，
按一按喵喵的肚子。

刷牙完成啦。
看喵喵的牙齿又白又亮。

220　　按下放大镜，看看牙洞里究竟有什么？

睡觉大王的睡觉秘诀：
摸一摸有几只绵羊。

○ 作者：王燕
　　指导老师：熊红云

扫码观看完整作品

节庆的密码——揭秘广西少数民族节庆

设计说明

　　广西作为少数民族聚居的自治区，有着许多珍贵的节庆文化资源，然而部分广西少数民族所处地区偏僻、交通闭塞，人们的"现代化"观念等问题影响着少数民族文化的保护。随着消费者的个性化需求快速增长，人们开始追求更高层次的精神需求。如何保护和传承广西少数民族文化，在儿童当中进行文化传承是一种行之有效的办法。

　　具有交互性、激发儿童参与感与体验感的儿童产品设计是一种能够与儿童进行对话的艺术沟通方式。《节庆的密码》作品包括广西少数民族节庆互动游戏书及互动相框纪念品，以多感官互动交互绘本及相框的形式，让儿童在探索中了解广西少数民族的节庆文化，激发儿童对民族文化的思考，加强当代儿童与传统文化的联系。

223

○ 作者：计杰
　　指导老师：熊红云

扫码观看完整作品

今天吃什么——在游戏中学习过敏知识

设计说明

　　近年来食物过敏率的升高，因为食物过敏造成的儿童伤害逐渐呈上升趋势，儿童时期患病率高、认识不到位等问题都是造成危害的元凶。因此，如何在儿童时期形成良好的过敏意识对儿童身心健康发展有着重要的意义。

　　《今天吃什么》是一款针对儿童食物过敏的交互产品，将食物过敏的教育方法融入桌面游戏的设计中，寓教于乐的同时，帮助儿童避免相关危害，养成良好的食品安全意识。

大豆类

牛奶类

海鲜类

花生类

坚果类

鱼类

鸡蛋类

小麦类

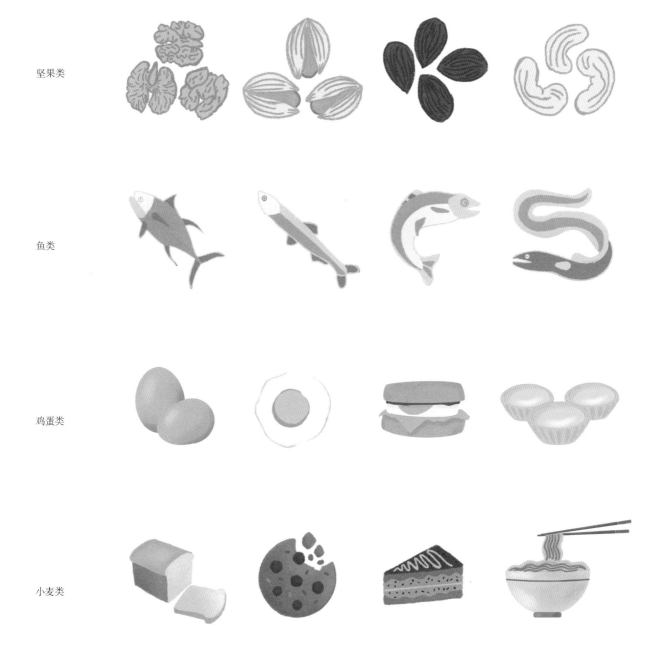

○ 作者：莫丹妮、郑玉娇、黄尧、谭嘉豪、潘信宇
　　指导老师：熊红云

高 Fun——你也可以
很高"分"

设计说明

　　《高 Fun》是一个针对儿童的社交与自媒体平台。在前期的调研过程中，我们发现市面上没有针对儿童社交的平台，很多平台上有许多内容但并不适合儿童，甚至会给儿童带来不良的影响，所以我们打算专门为儿童建立一个社交平台，内容以短文章为主，利用碎片化的时间快速阅读，不会让儿童过于沉迷，为其打造一个安全、健康、高质量的儿童社交及阅读环境。

　　《高 Fun》的用户群体定位在 9 ~ 14 岁的大龄儿童，希望他们能从这个 App 中得到快乐，缓解平时学习的压力，同时为儿童提供社交及吐槽等功能。《高 Fun》作品的名字灵感来源于儿童最熟悉的词"高分"，让儿童使用的时候会有一种熟悉感，并加强与儿童的情感连接，让他们明白，无论平时在学校学习成绩如何，在这里都可以轻松获得高分。

祖国花花 LV.5 03/1000

我也来瞎凑热闹吧

产粮官

| 28 关注 | 101 粉丝 |
| 299 水滴 | 332 获赞 |

水！求互浇水！

46g

63g

12g

55g

LV.3 小树苗

等着，我会超过你的

收藏　消息　收藏　草稿　设置

足迹

全部　　　　　赞过

什么样的人设让你神魂颠倒？

全凭个人意志哦，我看看你们这些
小可爱们能写出什么奇葩人设233

今天

投票制造

标题 1 Step
起一个能让UC编辑部看上你的标题吧

你最喜爱的漫画反派是谁？

二次元

概述 2 Step
只有一个牛逼的标题还不够吧，概述一波

漫画中有许多特别有个性、吸引人的反派。
有很多反派的人气甚至已经超越了主角，还
记得你印象最深的反派么？

选项 3 Step
内容才是核心

小丑

大蛇丸

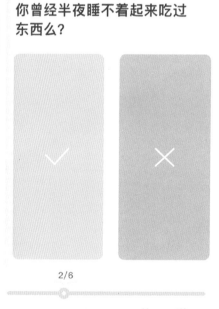

你曾经半夜睡不着起来吃过
东西么？

2/6

有什么想法…

231

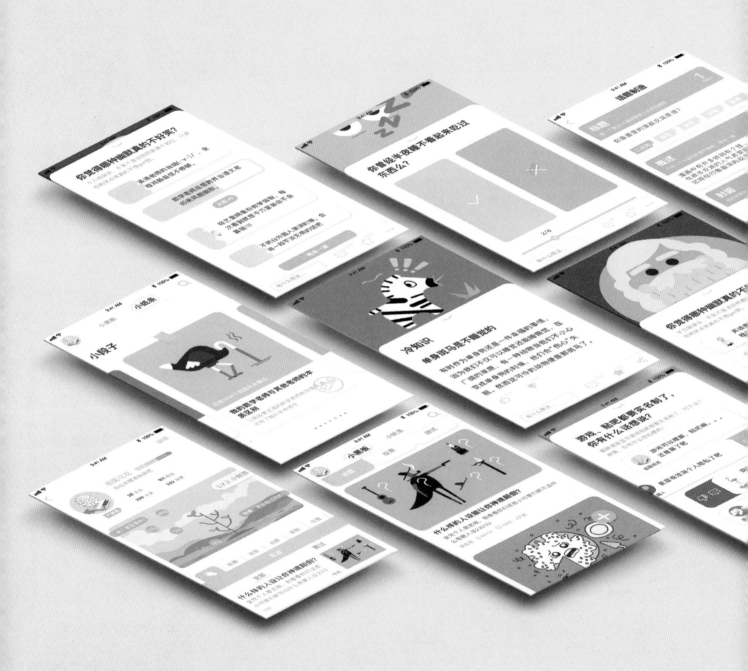

○ 作者：白雪
指导老师：熊红云

扫码观看完整作品

PUZZLE——儿童益智类拼词游戏

设计说明

"PUZZLE"是一款旨在将儿童玩具和教育科技相结合的创新产品。它采用了 App、图书和积木的设计，打造出一种全新的学习和娱乐体验，让儿童在玩耍中获得知识和技能。

这款产品的主要特点在于，儿童通过玩积木的方式拼出单词，然后用 iPad 端的 App 对准拼出来的积木进行扫描，屏幕端根据单词扫描结果匹配视频讲解，让儿童在积木拼玩中学习英语单词。

"PUZZLE"图书采用了生动有趣的插画和故事情节，把 26 个字母进行形象设计。吸引儿童的注意力，让他们能通过字母形象联想记忆，记住 26 个抽象字母。同时，图书与 App 和积木结合，形成一个完整的学习和娱乐系统。

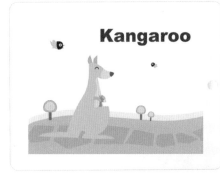

Kangaroo

Acaleph

Bear

Plane

Octopus

Mole

Elephant

House

PUZZLE

儿童益力智用

235

PUZZLE

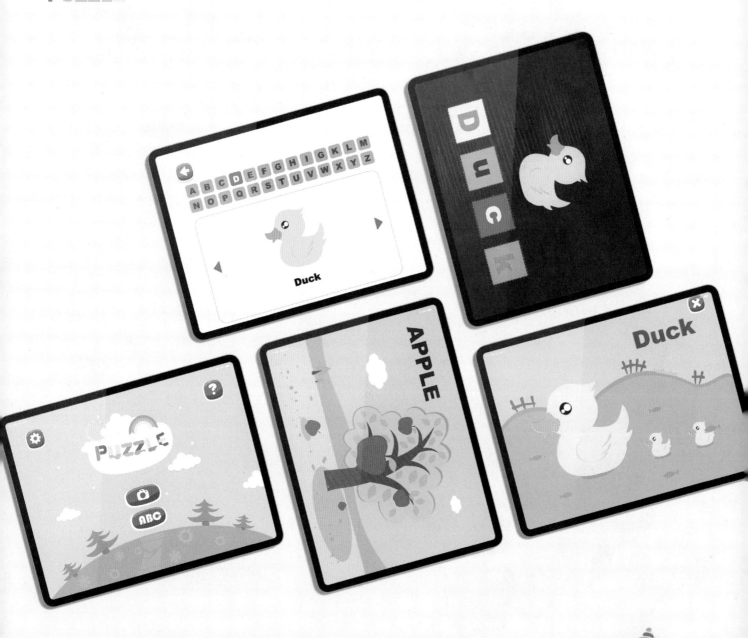

A
B
C
D
E
F
G
H

红红的，圆圆的，牛顿受到它的启发发现了万有引力，是什么呢？

力气非常大，爱吃蜂蜜

八个爪，红颜色的，横着走路

叫声是嘎~嘎~嘎~的动物

体型巨大的动物，有两颗大牙，鼻子可以用来喝水

红颜色的，通常与狡诈联系在一起的动物

脖子长长的，身上有小花斑

可以住在里面，为我们遮挡风雨

Apple 苹果

Bear 熊

Crab 螃蟹

Duck 鸭子

Elephant 大象

Fox 狐狸

Giraffe 长颈鹿

House 房子

树上许多红苹果
一个一个摘下来
我们喜欢吃苹果
身体健康多快乐

咔哧咔哧

小狗熊，真有趣
嘴馋就爱吃蜂蜜
吃不着，不着急
脑中想着好主意

吼吼吼吼

螃蟹一呀爪八个
两头尖尖的大个
眼一挤呀脖一缩
爬呀爬呀过沙河

爬呀爬呀

门前大桥下
游过一群鸭
快来快来数一数
二四六七八

嘎嘎嘎嘎

大象鼻子长又长
弯弯牙齿像月亮
长着一对大耳朵
四条腿儿粗又壮

鼻子喝水

狐狸狐狸
一肚诡计
骗吃骗喝
最会演戏

狐假虎威

长颈鹿、个子高
细长脖子摇呀摇
要吃树叶真方便
伸出脖子吃个饱

长长的脖子

我有一座大房子
又高又大又漂亮
我的房子欢迎你
欢迎大家来拜访

住在里面

○ 作者：张文怡
指导老师：熊红云

扫码观看完整作品

帮它找到好朋友——儿童垃圾分类交互桌游

设计说明

这是一款帮助儿童科普垃圾分类知识的交互玩具。产品以传统游戏形式迷宫地图为基础，辅以听觉和触觉，让儿童在游戏中了解并记住垃圾分类。由于考虑到幼儿的理解能力有限，如果仅以垃圾的四种分类为基础极易出现记忆混乱，所以通过筛选和调研，最终决定以垃圾本身的材质为分类标准。

设计的内容为交互用装置游戏、物品互动卡片和绘本型说明手册。游戏的背景设定为神奇的森林，里面居住了许多居民，但是这些居民与他们的好朋友相继走散，幼儿需要进入森林帮助他们找回各自的好朋友。将物品的分类定义为找朋友可以引发幼儿的同理心。

在考虑互动玩具的载体形式的时候，由于作品旨在让父母和儿童在家中互动玩耍时学习垃圾分类知识，所以在场景的模拟中选择为家中的一角，使用的载体为带有储物功能的纸箱，一方面可以作为家庭收纳用的家具，另一方面兼具交互玩具功能。

特殊的元件有电磁铁、无线射频 RFID-RC522 模块、NANO 模块、MP3 模块。

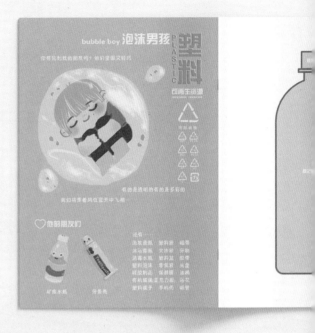

○ 作者：蒋新、黄雨欣、卢秋安
指导老师：熊红云

扫码观看完整作品

动物冒险 GO——儿童交互游戏

设计说明

经过前期调研，我们了解到目前家庭中拥有宠物的比例越来越高，因此引导小朋友与动物和谐相处势在必行，同时也能培养其同理心及相关能力。"动物冒险 GO"旨在为学龄前儿童提供一种有趣而富有教育意义的游戏体验，设计了动物第一视角进行冒险、解密和探索。游戏希望能帮助培养儿童对动物的同理心，以及解决问题和合作的能力。设置不同场景，让儿童与家长一同参与，也能加深亲子间的互动体验。

○ 作者：温玉婷、田悦、车悦

指导老师：熊红云

噗噗猪

肚子里藏着一个火车站，哦，不是吧？我的牙齿里住着牙细菌？我为什么会感觉到疼痛？人为什么会打喷嚏？学龄前儿童对自己的身体充满了好奇和探索。设计《噗噗猪》这款App产品，以拟人化的形式，让亲近儿童的猪来解答你的问题，更好地认知我们的身体。

01 前期调研

数据调研

● 抖音青少年模式不同年龄的偏爱视频类型

动画	绘画手工	科学科普
5岁	8岁	14岁

● 微信视频号青少年爱看的内容

美食生活	科普知识	新闻资讯
2	1	3

● 早教App支出金额在家长教育方面的支出占比

54.5%	0~3岁家长
47%	3~6岁家长
33.6%	6~12岁家长

● 儿童身体学术关注度趋势

2017年　2018年　2019年　2020年　2021年　2022年

身体系统调研

爸爸为什么会打鼾？

为什么爷爷会长白头发？我为什么会尿床？

什么是膝跳反应？我为什么会做梦？

肚子为什么会叫？

身体的知识系统庞杂，直接的科普对儿童来说过于复杂。而且，儿童对于身体的认识，很多是基于对生活的观察。他们往往从生活的小问题中，提出关于身体的疑问。

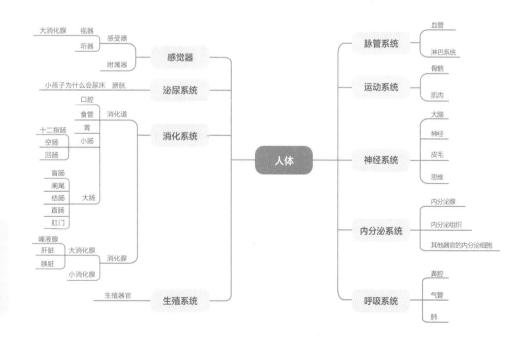

大消化腺　视器　感受器

听器

附属器　感觉器

小孩子为什么会尿床　膀胱　泌尿系统

口腔

食管　消化道

十二指肠　胃

空肠　小肠

回肠

盲肠

阑尾

结肠　大肠

直肠

肛门

唾液腺

肝脏　大消化腺　消化腺

胰脏

小消化腺

生殖器官　生殖系统

消化系统

人体

脉管系统　血管／淋巴系统

运动系统　骨骼／肌肉

神经系统　大脑／神经／皮毛／思维

内分泌系统　内分泌腺／内分泌组织／其他器官的内分泌细胞

呼吸系统　鼻腔／气管／肺

02 用户调研

用户画像

我们对儿童进行访谈，把访问的儿童总体分为外向型和内向型。访谈中儿童都对一些身体现象感到好奇，普遍有较强的求知欲望。

我喜欢这个。
那个是什么？
我也好喜欢！

我喜欢一个人看书，这样就没人打扰我了。

唉，这是什么？
那又是什么？

我自己慢慢想想，这是为什么呢？

我想要能玩能动的！

我想知道为什么？

我喜欢独自看书。

外向型儿童

"为什么我晚上睡觉会做梦？为什么爸爸睡觉会打呼噜？"

· 姓名：涂亦鸣 · 年龄：7
· 性别：男 · 城市：一线城市
· 年级：小学一年级 · 爱好：看电视、玩游戏

用户特点
1.爱思考，思维活跃。
2.没有耐心，三分钟热度。
3.对身边事物十分好奇。

使用相关
1."妈妈，爷爷为什么会长白头发？"
2.受伤后，对自己的身体构造感到好奇。

用户期望
1.希望可以"玩"。
2.不喜欢那么多字。
3.希望可以接触到平时好奇的问题。

目标
打发时间、学习

动机
求知 ○ 玩

内向型儿童

"为什么是这样的呢？那我可不可以..."

· 姓名：李晓源 · 年龄：9
· 性别：女 · 城市：二线城市
· 年级：小学三年级 · 爱好：看书、看动画

用户特点
1.安静，乖巧。
2.默默观察，耐心细致。
3.会对问题进行发散，提出自己的想法。

使用相关
1.从生活观察中，提出相关问题。
2.在提问中进行发散，需要父母给出细致准确的解释。

用户期望
1.科普与生活相关，由日常生活引出会更加容易理解。
2.保证科普内容的准确性。

目标
科普准确性、学习

动机
求知 ○

情境场景剧本

通过对儿童用户的调研和生活跟踪，发现儿童对于身体的观察和思考往往来自生活。

 7:30

小涂被爸爸的呼噜声吵醒了，想知道人为什么会打呼噜呢？
等了好久，终于等到爸爸醒了给出回答。
"爸爸就是太胖了！"

➤ 儿童经常对生活中成人习以为常的现象产生疑问，及时的解答很重要。

 8:00

上课时，小涂打了个哈欠，身边的同学也像被传染了一样打了哈欠。
为什么会打哈欠呢？同学跟着一起打哈欠是巧合吗？

➤ 对身边事物感到好奇，且会有联想问题提出。

 12:00

小涂吃完饭后，肚子还在咕咕叫！小涂偷偷拿妈妈的手机查了一下，百度的结果更令小涂担忧了！
这算是生病了吗？

➤ 让儿童自主学习，同时信息的准确性需要得到保证。

 16:00

小涂的膝盖磕到桌腿，小腿突然踢了起来。妈妈向小涂解释："这是一个反射，就像碰到烫的东西马上缩手。"
小涂似懂非懂。

➤ 为了让儿童更易理解，清晰直白的表达方式是很重要的。

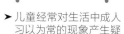 洞察

- 对日常生活细节有好奇心，总有许许多多的问题。
- 大部分孩子的玩心比较重。
- 注意力集中时间短。
- 不喜欢纯文本说明，可以联系生活来解释。

 21:00

小涂趴在床上睡觉，爸爸却要求小涂侧着或正着睡。
爸爸说："因为趴着睡会容易做噩梦，然后……"
小涂听着听着就睡着了。

➤ 对于纯文本科普内容不感兴趣。

 20:00

小涂发现妈妈有一根白头发，问"妈妈，你怎么有白头发呢？为什么我没有白头发呢？"
妈妈用植物成熟来类比新陈代谢。小涂很快就理解了。

➤ 和生活联系在一起，能更容易地让儿童理解。

同理心地图

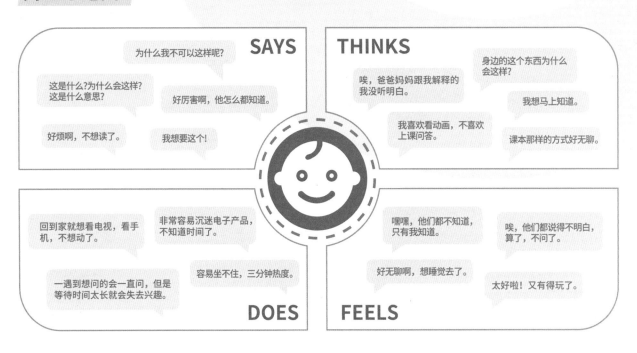

痛点

- 遇到想问的会一直问，但是等待时间太长就很容易失去兴趣。
- 很多时候做事只能维持三分钟热度。
- 对身边的事物感到好奇，但是，很多时候并没有得到正确或者及时的解答。
- 对于纯文本的科普内容不感兴趣，对说教感到厌烦。

解决

- 使用动画的科普，不进行强硬的科普输出。
- 从生活内容出发，用生活现象引出科普内容。
- 用IP形象帮助儿童带入自己的日常生活，把科普当作故事，吸引儿童的注意。
- 添加家长模式，让小猪在规定时间休息了，避免儿童沉迷。

03 方案设计

这是一款针对儿童的有关人体科普的App

- **关卡** 增加关卡机制的设计，并且加入了相应的变化与奖励，调动儿童的积极性。

- **游戏** 陆续开发针对 App 的身体主题相关的游戏，增加趣味性。

- **场景** 增加场景的可玩度，设置有趣的交互（如触发动画，触发不同音效等）。

- **真实** 致力于还原实际的生活场景，以及有效的处理方法，减少对儿童的误导。

故事板

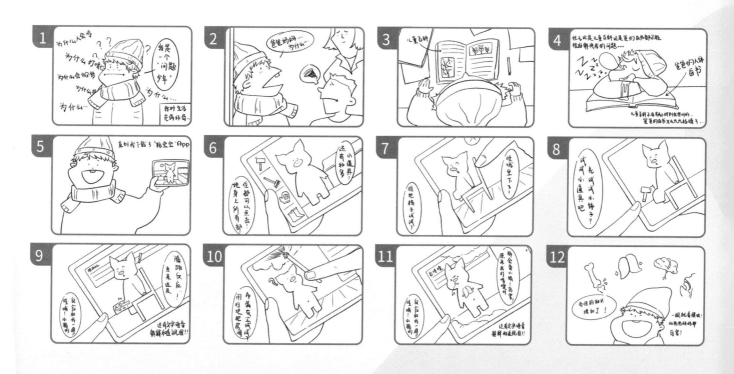

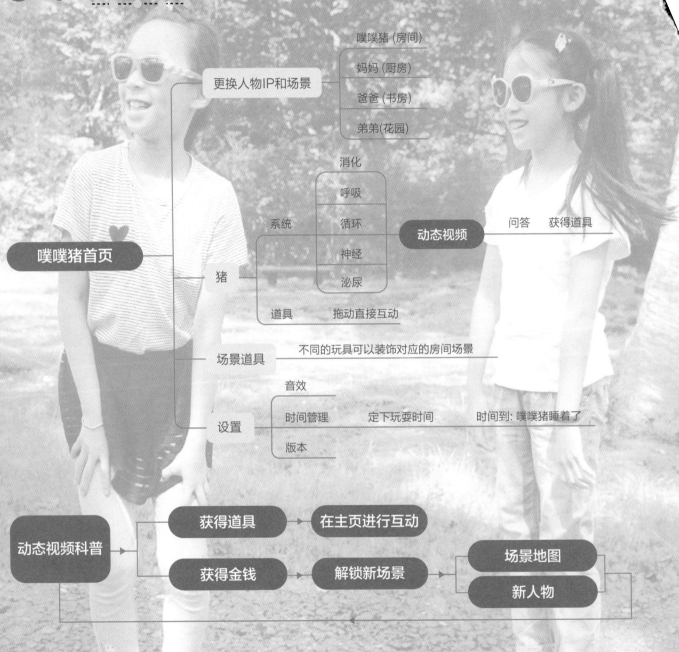

更换人物IP和场景
- 噗噗猪 (房间)
- 妈妈 (厨房)
- 爸爸 (书房)
- 弟弟 (花园)

噗噗猪首页

猪
- 系统
  - 消化
  - 呼吸
  - 循环
  - 神经
  - 泌尿
- 道具 —— 拖动直接互动

动态视频 —— 问答 获得道具

场景道具 —— 不同的玩具可以装饰对应的房间场景

设置
- 音效
- 时间管理 —— 定下玩耍时间 —— 时间到: 噗噗猪睡着了
- 版本

动态视频科普
- 获得道具 → 在主页进行互动
- 获得金钱 → 解锁新场景 →
  - 场景地图
  - 新人物

05 IP角色设计

○ 完善的场景配置，每个IP有自己的场景。

○ 每个关卡根据人物不同的小故事进行展开。

○ 每个小故事都贴近儿童自己的生活，使儿童有代入感。

○ 小故事致力于还原真实的生活场景及有效的处理方法，减少对儿童的误导。

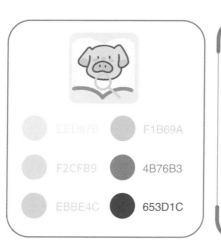

EED87B	F1B69A
F2CFB9	4B76B3
EBBE4C	653D1C

噗噗

职业：学生

性格：善于观察，对生活中各种各样的事物总是很好奇，对于自己的身体以及各种身体反应，总是有很多问题想要探究。

噗噗妈

职业：家庭主妇

性格：风风火火，爱干净的家庭主妇，喜欢一切都要井井有条，但有时容易急躁。

噗噗爸

职业：工程师

性格：性情温厚，十分有耐心，虽然工作很忙，但休息时会和家人一起外出游玩。

06 界面设计

低保真页面

以T原型的方式，展示部分低保真页面，表现页面的核心结构。

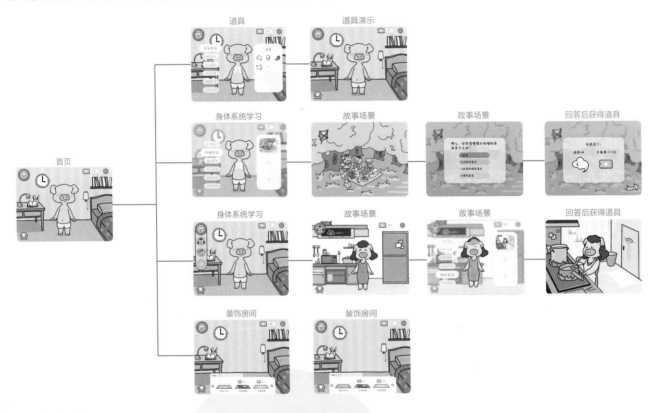

道具　　道具演示

身体系统学习　　故事场景　　故事场景　　回答后获得道具

首页

身体系统学习　　故事场景　　故事场景　　回答后获得道具

装饰房间　　装饰房间

情绪版

高保真页面

角色场景转换

设置

根据科普问答获得兑换券，用于兑换房间装饰

选择学习的身体系统

房间装饰

转换角色
解锁更多内容

解锁不同家庭成员，以扩充内容和场景

不同成员能够进入不同的场景进行系统学习

04 进入问答

身体

02 选择身体系统，进入科普

03 科普动画展示

05 获得兑换券和道具

06 在首页，道具可以复习展示

全部系统
呼吸系统
循环系统
消化系统
神经系统
泌尿系统

⭐ 100   ⚙

道具

全部系统
呼吸系统
循环系统
消化系统
神经系统
泌尿系统

猪妈妈手被烫到后，就会把这个信息通过神经告诉脊柱，脊柱会立刻告诉手要缩回来，但脊柱不能让我们感到疼痛。

附录2 3~6岁儿童发展目标

3~6岁儿童发展目标		
① 3~4岁	② 4~5岁	③ 5~6岁

 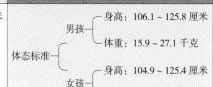

体态标准——男孩——身高：94.9~111.7厘米／体重：12.7~21.2千克；女孩——身高：94.9~111.3厘米／体重：12.3~21.5千克

体态标准——男孩——身高：100.7~119.2厘米／体重：14.1~24.2千克；女孩——身高：99.9~118.9厘米／体重：13.7~24.9千克

体态标准——男孩——身高：106.1~125.8厘米／体重：15.9~27.1千克；女孩——身高：104.9~125.4厘米／体重：15.3~17.8千克

① 3~4岁	② 4~5岁	③ 5~6岁
情绪目标：情绪比较稳定，并能在成年人的安抚下逐渐平静	情绪目标：经常保持愉快，并愿意与亲近的人分享情绪	情绪目标：知道引起自己情绪的原因，并能随活动需要转换情绪
手部灵活度：能用笔涂涂画画，能熟练使用勺子	手部灵活度：能沿直线画出简单图形，会用筷子吃饭	手部灵活度：能画出线条基本平滑的图形，能熟练使用筷子和简单的工具
力量和耐力：能跑15米左右，能走1千米左右	力量和耐力：能跑20米左右，能连续行走1.5千米	力量和耐力：能跑25米左右，能连续行走1.5千米左右
自理能力：能在帮助下脱衣或穿袜，能将玩具放回原处	自理能力：能自己穿脱衣服，能整理自己的物品	自理能力：能知道根据冷热增减衣服，能分类整理自己的物品
自我保护能力：能在提醒下注意安全，能在走失时向警察求助	自我保护能力：认识常见安全标识，运动时主动躲避危险，知道简单的求助方式	自我保护能力：自觉遵守基本的安全规则，知道一些基本的防灾知识
阅读能力：主动要求成人讲故事，喜欢跟读韵律感强的儿歌	阅读能力：反复翻看自己喜欢的图书，喜欢把看过的故事分享给别人	阅读能力：能专注地阅读图书，喜欢与人讨论图书有关的内容
阅读理解能力：会根据画面理解发生了什么，能理解文字和画面的对应关系	阅读理解能力：能大致讲出所听故事的主要内容，能随作品的展开产生相应的情绪反应	阅读理解能力：能根据故事的情节猜想故事的发展，能初步感受文学语言的美
人际交往：愿意和他人一起游戏，在成人的指导下不争抢玩具	人际交往：有固定的玩伴，会用简单的技巧加入同伴游戏，愿意接受同伴的意见	人际交往：喜欢结交新朋友，会想办法吸引同伴，活动时会与同伴合作克服困难
探究能力：喜欢接触大自然，对周围的事物和现象感兴趣，能仔细观察所发现事物的明显特征	探究能力：能对事物或现象进行比较观察，发现其异同点，可以根据结果提出问题并记录	探究能力：对于感兴趣的问题能动手寻找答案，能通过观察、比较与分析，发现并描述事物的变化，在探究过程中能与他人合作
数学认知能力：能通过一一对应的方法比较多少，能点数5个以内的物体，能用数词描述事物	数学认知能力：能通过数数比较物体的多少，能通过实际操作理解数之间的关系	数学认知能力：初步理解量的相对性，理解加减的实际意义，能进行10以内加减运算
表现与创造能力：能模仿学唱短小歌曲，能用简单的线条和色彩大体画出想画的事物	表现与创造能力：能基本准确地唱歌，能通过即兴哼唱表达自己的心情，能用绘画手工表现看到或想象的事物	表现与创造能力：能用律动表现自己的情绪或自然界的情景，能自编自演故事，能用自己的美术作品布置环境

附录 3　蒙台梭利理论思维导图

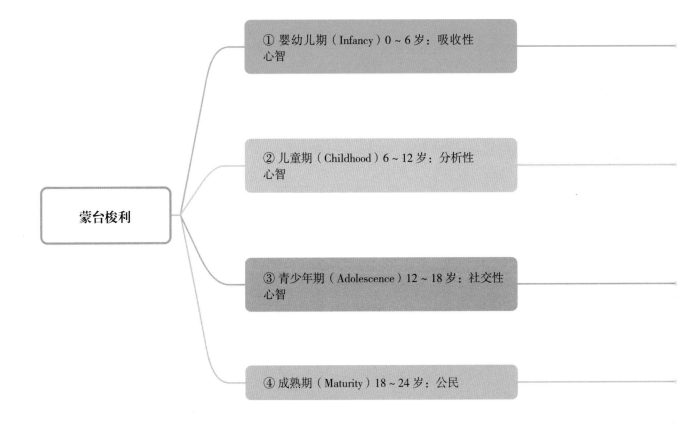

① 婴幼儿期（Infancy）0~6岁：吸收性心智

② 儿童期（Childhood）6~12岁：分析性心智

蒙台梭利

③ 青少年期（Adolescence）12~18岁：社交性心智

④ 成熟期（Maturity）18~24岁：公民

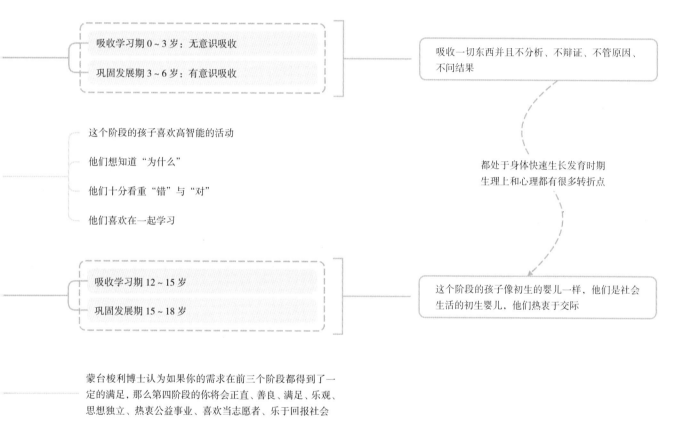

吸收学习期0~3岁：无意识吸收

巩固发展期3~6岁：有意识吸收

吸收一切东西并且不分析、不辩证、不管原因、不问结果

这个阶段的孩子喜欢高智能的活动

他们想知道"为什么"

他们十分看重"错"与"对"

他们喜欢在一起学习

都处于身体快速生长发育时期生理上和心理都有很多转折点

吸收学习期12~15岁

巩固发展期15~18岁

这个阶段的孩子像初生的婴儿一样，他们是社会生活的初生婴儿，他们热衷于交际

蒙台梭利博士认为如果你的需求在前三个阶段都得到了一定的满足，那么第四阶段的你将会正直、善良、满足、乐观、思想独立、热衷公益事业、喜欢当志愿者、乐于回报社会

附录4 孙瑞雪儿童敏感期思维导图

① 0～2岁	② 2～3岁	
视觉敏感期：对明暗变化的空间感兴趣 口腔敏感期：喜欢用口来感知不同的事物 手部敏感期：喜欢抓东西，用手来探索环境，感知世界 行走敏感期：独立行走，喜欢上下坡和爬楼梯 空间敏感期：喜欢探索空间，爬高、扔东西 细小事物敏感期：对小而精致的事物感兴趣，喜欢观察 秩序敏感期：需要并保护一个精确且有秩序的环境 模仿敏感期：模仿词或动作，一答一应，进行重复 自我意识敏感期：表现为咬人、打人、说不 审美敏感期：要求食物或用具必须完整	建立概念敏感期：开始将自己的认知感觉和语言相匹配 私有意识敏感期：私有的意识产生，明确表示"这是我的" 秩序敏感期：需要并保护一个精确且有秩序的环境	

敏感期

③ 3～4岁	④ 4～5岁	⑤ 5～6岁
执拗敏感期：如果破坏了之前的秩序模式，儿童会哭闹焦虑，表现出不可逆性	出生敏感期：开始试图理解自己从何而来	婚姻敏感期：5岁之后选择伙伴的倾向性非常敏感
垒高敏感期：喜欢把东西垒高再推倒，并以此建立三维空间的感觉	情感表达敏感期：开始表达情感并且在意别人是否爱他	书写敏感期：对书写文字和符号产生兴趣
色彩敏感期：开始对色彩产生认知，并喜欢在生活中寻找色彩	人际关系敏感期：寻找相同兴趣的朋友并产生依恋	数学逻辑敏感期：对数字的序列、概念以及概念之间的关系产生兴趣
语言敏感期：开始对句子和表达产生兴趣，喜欢重复或模仿别人的话	婚姻敏感期：表现为要和父母结婚，之后会"爱上"一个伙伴	社会兴趣敏感期：了解自己和他人的基本权利，喜欢遵守和共同建立规则，形成合作意识
诅咒敏感期：发现语言的力量，成人反应越强烈，儿童越爱谁诅咒的话	审美敏感期：开始对自我和周围的事物产生审美要求	动植物、实验、收集敏感期：开始收集一切来自自然界的知识
追求完美敏感期：从追求食物的完整发展到对所有事物完美的追求	数学概念敏感期：对数量、数字、数名产生兴趣	延续交往敏感期：进入三四人一组的多人交往
剪、贴、涂感期：真正开始有意识地使用工具，培养专注力的好机会	身份确认敏感期：开始崇拜某一偶像，并从中积累未来的人格特征	
占有敏感期：开始强烈的占有欲，物品交换从此开始，儿童开始产生人际关系	性别敏感期：通过观察来认知性别以及自身	
逻辑思维敏感期：对事事好奇，不断追问"为什么"	音乐敏感期：开始展现儿童与生俱来的音乐品质	
绘画敏感期：开始表达与生俱来的自我语言方式	绘画敏感期：开始展现儿童与生俱来的绘画品质	
延续秩序敏感期：从具体的生活秩序延伸到了心理的秩序	符号敏感期：对拼图、识字、认知符号感兴趣	
人际关系敏感期：一对一的交换食物和玩具		

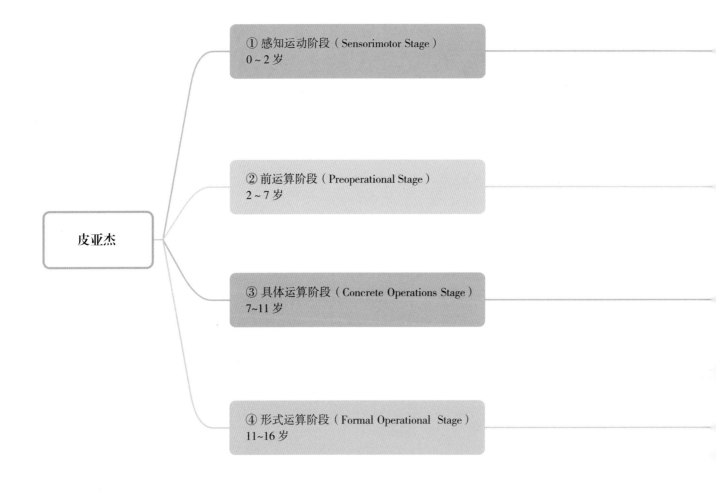

① 感知运动阶段（Sensorimotor Stage）
0～2 岁

② 前运算阶段（Preoperational Stage）
2～7 岁

皮亚杰

③ 具体运算阶段（Concrete Operations Stage）
7~11 岁

④ 形式运算阶段（Formal Operational Stage）
11~16 岁

分离自我 ——————— 宝宝出生时相信周围环境的一切事物都与他们自身相关联。在感知运动阶段，他们开始意识到，他们并没有和周围的物体绑定

客体永久性 ——————— 宝宝们开始意识到周围的人和物会持续存在，哪怕这些人和物是在他们的视野外

早期具象思维 ——————— 在感知运动阶段末期，孩子们开始用脑海里积累的图式理解周围环境中的事物了

不建议接触任何电子屏幕

自我中心 ——————— 前运算阶段的儿童已经具备了一定的假想能力，但依然很难从他人的角度进行换位思考

守恒性 ——————— 该阶段的孩子还不能进行抽象思维，他们只能理解处于眼前的视觉信息

归纳逻辑 ——————— 具体运算阶段的儿童已经具备使用归纳逻辑的能力，他们可以从具体事实中概括出一般性原理

可逆性 ——————— 这个阶段的孩子尚不具备演绎逻辑思维，但他们已经可以逆向思考他们思维中的信息归类

逻辑 ——————— 这里的逻辑是指运用普遍的概念解决具体的问题

抽象思维 ——————— 他们不再完全依靠过往获取的经验来做决策，他们会更多地通过对各种选择产生的后果进行假设和推测从而做出决策

问题求解 ——————— 进入形式运算阶段前，孩子通常会通过试错的方式来解决问题，但在这个阶段，他们可以依靠逻辑和演绎思维解决复杂问题

附录 6 丹佛发育筛查测验

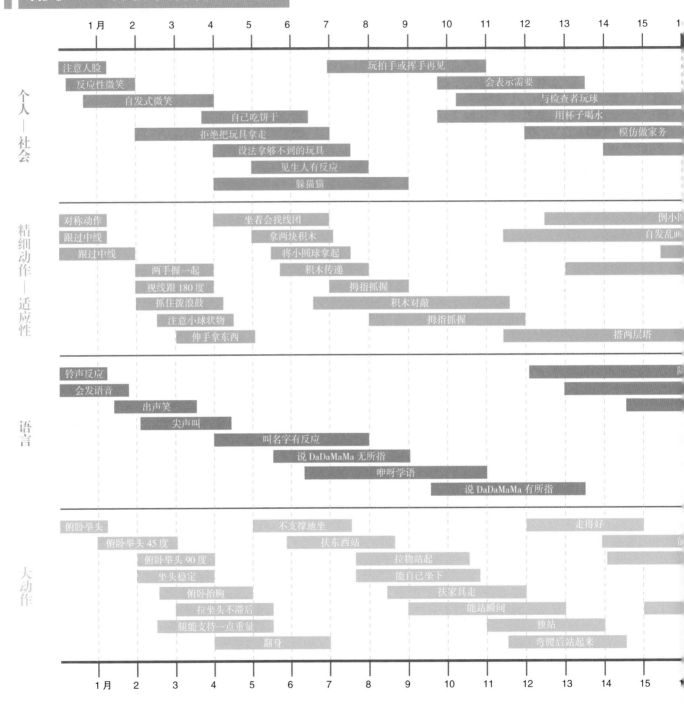

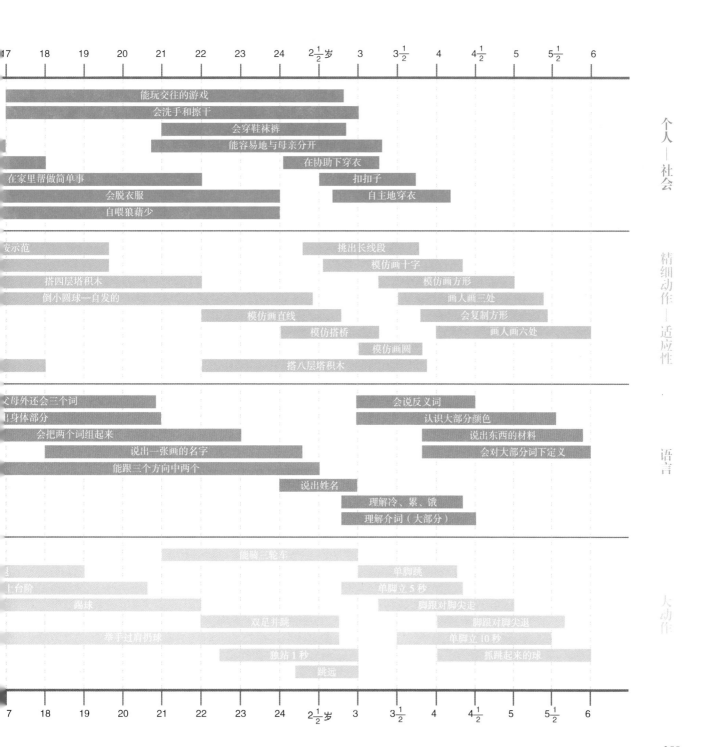

附录7 交互设计案例延展阅读

躲猫猫书

这是一款结合插图、技术和触觉的教育玩具，为儿童提供有趣的互动故事讲述。实体硬件探索环与 iPad 应用程序Peekabook配对，App中包含由来自世界各地的儿童故事讲述者和插画家设计的互动书籍。实体硬件就像一块神奇的玻璃，放置在App上就可以将孩子带入一个奇妙的世界，并发现隐藏的秘密，了解有趣的知识。

Tacto Coding

Tacto Coding游戏是为4~10 岁儿童设计的，通过一系列的硬件组件与平板电脑进行交互，来实现编码冒险。不同于别的编码套件，Tacto Coding 通过引人入胜的故事来展开。盒子包含 2 个框架和 5 个公仔（绘制、旋转、滑动和 2个功能公仔），将两个框架固定在平板电脑侧面，将公仔可以放入插槽中。

PLAYDODO

"PLAYDODO"是由韩国多媒体公司Raonsquare开发的一款儿童互动音乐触摸墙。这款产品结合了前沿技术和充满想象力的创意，当儿童拍打墙面上显示的乐器图案时，系统会发出相应乐器的声音，并通过高亮交互反馈来增强互动效果。这种互动方式不仅让孩子们在玩耍中学习音乐知识，还激发了他们的创造力和想象力。

儿童编码

这是乌默奥设计学院的保罗·卡梅林设计的作品，探索幼儿编程和艺术教育领域的项目，试图以一种有趣和好玩的方式将这两个学科结合起来。通过物理的模块化工具箱，与平板电脑中的App建立一种交互联系，让儿童建立一个数字和互动的艺术体验，还可以实现与家人和朋友分享和玩耍。

HumaneAI

由苹果前员工Imran Chaudhri和Bethany Bongiorno创立的Humane创业公司推出了基于AI投影的穿戴式设备，用户通过这个设备可以享受免屏幕、无缝式及感应式应用体验。它既是一款新型的可穿戴式设备，同时也是一个完全为AI打造的平台，完全独立运行，使用上无须搭配智能手机或其他设备。

"智能文身" SkinKit

通过直接从用户的身体收集数据，使用它来计算有用的信息并将其直接显示在他们的皮肤上，一些研究人员希望这些设备可以很快应用于各种日常任务：从跟踪你的进展的可穿戴计算机在健身房或跑步时，智能绷带可为医生提供有关患者状况的实时信息。

UMind 意念机

UMind意念机是EEGSmat团队发布的第一代消费类意念产品，UMind的原理是通过硬件采集、分析大脑的实时脑电波，进行算法分析，将运算结果进行应用或交互。它为人们带来三个意念应用：意念听音系统，用户可以通过意念控制音乐播放；意念可视化系统，能够将意念转化为可视化图像；开放型平台则允许用户根据自己的需求开发意念应用。

大脑的奥秘

华盛顿大学的神经工程师拉杰什·拉奥（Rajesh Rao）正在开发脑机接口，这种设备可以监测和提取大脑活动，使机器或计算机完成从玩视频游戏到控制假肢等任务。"大脑的奥秘"是由NBC Learn与美国国家科学基金会合作制作的。这为我们提供了一个全新的维度，让我们能够了解大脑的工作原理，并利用其强大功能来改善生活质量。

"智娃"

这是图灵机器人基于"AI科技赋能儿童高效学习和快乐成长"的理念打造的首个儿童版ChatGPT，代号为"智娃"的产品。"智娃"是一个专属于儿童群体的AI对话机器人，寓意为智能陪伴每一位儿童高效学习和快乐成长。它支持文本、语音、视觉图片等多模态信息的输入和输出处理。

OmniFibers

"OmniFibers"是MIT研发的可用于呼吸监测的纤维布料，该纺织品可以帮助表演者和运动员训练呼吸，并有可能帮助患者从术后呼吸变化中恢复。麻省理工学院和瑞典的研究人员开发了一种新型纤维，可以将其制成服装，可以感知拉伸或压缩的程度，然后以压力、横向拉伸或振动的形式提供即时触觉反馈。

Yoto Mini 音频播放器

这是一款交互式无屏幕音频播放器，其设计让我们想起了曾经最喜欢的随身听（Walkman）。它由Pentagram设计，形状是一个小的便携式盒子，顶部有一个卡槽，孩子们可以轻松地插入他们自行选择的实体卡，插入卡片后，就可以听他们想听的东西，不同的卡片包含数百个不同的故事、歌曲、广播电台或播客，让儿童自由地探索。

会识别陌生人的衣服

一位常驻加拿大的时装设计师高盈（Gao Ying）创造了这款会识别陌生人的衣服。其采用了先进的生物识别技术，能够感知到陌生人的触碰。一旦有陌生人用手指触碰衣服，它就会立刻启动识别模式，开始产生微妙的扭曲，以此警示陌生人。然而，一旦衣服识别出主人的指纹，它就会立刻恢复正常形态，不再有任何反应。

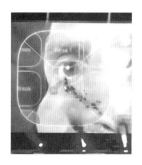

ALL PLAYERS TOOL LAB

肌萎缩性脊髓侧索硬化症（ALS）患者可以用视线进行线上乐器操作。与两位 ALS艺术家合作，开发出一种利用注视输入的乐器，专门解决ALS患者的需求。针对实时、远程和Ableton Live UI集成，制作了三种工具，即"EYE XY PAD""SHOOTING PAD""EYE MIDI PAD"，以满足ALS音乐家的各种需求，让他们能够尽情创作。

Finger Talk

Finger Talk 是 Future Sketches 的手势计算实验项目。使用 CoreML 开发了手部跟踪软件，用户可通过捏手指进行简单手势控制。结合 openFrameworks，创造了多种实验性交互方式，如文本导航、汉堡图标调整等。该项目旨在探索身体与计算系统的创新互动。

Share Space

Share Space项目专注于开发共享混合空间（SHS），实现人与化身的协作。通过创新的移动传感器和XR技术，精确捕捉并重建社会感觉运动原语，拓展混合现实的应用场景。此技术将在2024年奥运会、2024/2025电子艺术节等活动中，应用于运动、健康和艺术三大领域，展示其强大的现实应用价值。

Manifest 99

《Manifest 99》是一款利用眼球追踪技术的叙事游戏，玩家只需凝视乌鸦，便能瞬移到其旁边并消灭它。每消灭一节车厢的所有乌鸦，就能解锁通往下一节的传送点，而移动方式依旧是"眼神"。与NPC交流时，也是通过眼神接触，营造深入内心的体验。游戏特色在于以独特的眼神交互方式，推动故事发展。

欢迎来到 B 星球

在B星球的虚构现实中，游客将面临气候困境选择：电动汽车与公共交通，核电与可再生能源，实验室肉与纯素饮食，城市生活与共享农村住宅。这些选择将减少二氧化碳排放，考验民主决策，并直接影响地球气候。通过位置跟踪，访客位置纳入虚拟场景计算，以实现直接可见的影响。

幸存物种失落的巢穴

在Deep Space 8K的Lost Lair互动VR世界中，体验Ars Electronica Futurelab的虚拟复活技术。探索黑暗洞穴，寻找猛犸象等灭绝动物。作为研究团队的一员，您作为访客成为这个多用户环境中概念的一部分，使用虚拟手电筒和手机，借助光学跟踪系统与其他参与者以及投影进行交互。

Sounding Letters

算法结合超现实数字笔触与钢琴音调，打造出迷人的联觉景观。艺术家Ali Nikrang运用AI音乐作曲系统Ricercar创作《Sounding Letters》。此作品展现人与机器的密切合作，与贝森朵夫 CEUS 自动演奏钢琴的和声表演共同呈现音乐的创新联盟。虚拟3D表演将实时响应AI合成声音，与立体视频融合，创造出独特的体验。

The Enchanting Reality of Theatre

戏剧界将纪念马克斯·莱因哈特（Reinhardt Max）。通过《迷人的剧院现实》展览的VR体验，沿克莱门斯·霍尔兹迈斯特设计的城市，穿越十分钟戏剧表演，感受观众与演员之间的微妙互动。玛格丽特·拉辛格运用技术，结合AI与透视校正，调和了舞台设计的细节与VR技术的限制，为参观者带来独特的戏剧体验。

X-Ray Vision 增强现实

麻省理工学院的研究人员发明了一种增强现实耳机，可以为人类提供 X 射线视觉。这项名为X-Ray Vision的发明将无线传感与计算机视觉相结合，使用户能够看到隐藏的物品。X-Ray Vision 可以帮助用户找到丢失的物品，并引导他们找回物品。这项新技术在零售、仓储、制造、智能家居等领域有很多应用。

Action Box

Action Box是一款儿童教育扫描仪，它提供了一个现实的教育环境，并通过融合视觉技术（AR、MR、XR）和儿童数据分析技术来呈现儿童成长指标。通过扫描包含孩子们对产品的想象的图片，让他们可以直接通过屏幕看到他们的画是真实的虚拟环境，并进行相应的交互。

AI 相机 Paragraphica

丹麦设计师Karmann 推出了一款名为Paragraphica的创新相机，它使用位置数据和人工智能生成特定地点和时刻的"照片"。无镜头相机有实体和虚拟两种形式。通过取景器查看时，用户会看到他们当前位置的实时描述。按下扳机，相机随后将此描述转换为闪烁显像，有效地创建了场景的独特"照片"。

The SINE WAVE ORCHESTRA stay

这款装置由49个独特的螺旋状铜丝吊环组成，为每位进入空间的观众提供一个小型的正弦波发生设备。观众可自由选择在吊环的任意位置安装设备。随着参与者的增加，装置会从无声逐渐产生复杂的混合演奏。致力于打破传统音乐演奏的界限，让音乐成为大众的集体行为。每个参与者都以独特的标记留在合奏中，直至展览结束。

微软 AdHocProx

　　AdHocProx 系统利用设备内部的传感技术，无须外部锚定信标或 Wi-Fi 连接，即可增强多设备间的协同工作。通过双 UWB 无线电和电容式握把，系统可感测设备间的距离、角度和用户握持位置，实现高准确率的上下文交互。在离线评估中，AdHocProx 可识别95%的临时设备排列，备受参与者好评。

三星互联家庭的无障碍用户体验

　　三星互联家庭致力于打造无障碍用户体验，以促进包容性社会价值和可持续解决方案。该设计关注残疾人和老年人的需求，通过交互式可穿戴设备提供自主、自信的体验。同时，该解决方案允许通过软件更新持续使用购买的产品，提供独立自主的扩展体验，补偿每个用户的设备连接性和必要的感官。

LoopLoop

　　一款专为Sifteo立方体设计的互动音乐玩具，让零音乐基础者也能创作音乐。独特的1.5英寸屏幕，使其成为全球最小的音乐编排器。利用立方体间的邻接互动，如倒出或涂抹般将音效循环从乐器立方体传至音序器立方体，音效循环可顺畅传递至音序器立方体，模块化设计便于扩展曲目与新功能，实现无限音乐可能。

SMARTBOX

　　"SMARTBOX"是一款独特的益智玩具，它以传统积木为基础，但内置了创新的NFC算法模块。这些模块包括数字、算法和显示部分，当正确组合时，显示模块会显示答案并播放提示音。通过增减模块数量，可以调整算法难度，适应不同理解水平的儿童。这不仅让孩子在玩耍中学习，还能激发他们的逻辑思维和创新能力。

Corsetto

Corsetto是一款创新的全栈系统设计和平台，专为上半身触觉打造。利用OmniFiber技术，设计出可捕捉和刺激呼吸肌肉群运动的机器人服装。最初测试应用于声乐教学，但同样适用于跑步呼吸支持和恢复。它还有助于将专业歌手的声乐体验传递给听众共同体验。

Facebook Reality 实验室：基于手腕的交互的研究

Facebook虚拟现实研究实验室Facebook Reality Labs正致力于构建一个AR交互界面，它不需要我们在与设备的互动和与周围世界的互动之间做出选择，而是打破与设备互动和与周围世界互动之间的界限。我们以手腕为基础，开发自然直观的交互方式，以改变人们的连接方式。

Wearable Reasoner

Wearable Reasoner是一款概念验证的可穿戴系统，旨在通过分析论点的支持证据，促进人们对自身信仰和他人论点的质疑与反思。当得到带有可解释反馈的人工智能系统的协助时，用户会明显认为有理由或证据的主张比没有理由或证据的主张更合理。该系统通过口头陈述评估任务，帮助用户区分有证据与无证据的陈述，增强理性思维。

Horizon Workrooms

Horizon Workrooms是一款VR协作神器，打破虚拟与现实的界限，让团队成员在沉浸式的虚拟空间中自由交流、高效协同。借助虚拟形象，轻松加入VR会议，或从电脑无缝接入。运用虚拟白板激发创意碰撞，将真实设备带入VR世界，感受如面对面般的沟通体验。

Playpal

　　Playpal致力于打造一款儿童与父母互动的设备，巧妙融入技术，提升日常生活体验。设备主体便于交流，另有模块支持个人探索与游戏。模块鼓励身体活动与有意义互动，多台Playpal可实现朋友间的交易与协作，创造更丰富的体验。Playpal不仅关乎个人探险，更希望孩子们走出房间，重拾身体游戏的乐趣。

松下 PA!GO

　　这款智能育儿玩具专为激发孩子好奇心而设计，旨在引导他们探索现实世界并深入学习。由松下设计工作室FUTURE LIFE FACTORY策划，采用TPU驱动和计算机视觉技术，让孩子们通过PA!GO了解周围事物，并可带回家与Chromecast同步，以学习更多YouTube教育内容。

Solve For Earth

　　作为 The Tech Interactive 新的可持续发展展览Solve For Earth 的介绍性体验而创建。互动墙由七个区域组成，每个区域都侧重于参观者将在更大的展览中遇到的不同参数，即建筑密度、水资源管理、食品生产、能源生产、基础设施和弹性、运输以及材料浪费和再利用等。

可自由裁剪的无线电能应用技术

　　为了将无线电能传输融入日常物品，设计师需精心设计线圈阵列以适应各种表面。而传统的设计程序需要设计师付出巨大的努力和成本，既费力又昂贵，还需要考虑线圈间的干扰。为此，研究团队研发出可剪切的WPT板，用户简单剪切、粘贴即可打造各种形状的WPT表面，省时省力。

Tactum

　　Tactum是一款增强现实设备，它探索了模拟与虚拟现实之间的领域，让用户能真实地触摸和操作数字信息。利用身体作为数字设计的物理画布，Tactum跟踪手臂、手和触摸手势，生成投射到身体上的3D形式。无须特定训练的手势即可驱动三维建模环境，让设计师随时穿戴他们的设计。

Non-touch Interface

　　2022年的巴塞罗那世界移动通信大会上的非接触式体验装置。用户仅需通过头部动作进行互动，无须任何物理接触。为了实现这一互动效果，该装置利用了NVIDIA RTX GPU及其专用的Tensor Cores技术。这种技术让用户能够轻松地浏览红帽公司开源解决方案中的大量数据，使数据处理和分析变得更为便捷和高效。

松下情感机器人 NICOBO

　　"NICOBO"故意保留了一些"不完美"，让它更像是一个真实的宠物。它不仅会摇尾巴、说梦话，甚至还会放屁，这些小细节让人觉得它非常可爱。它拥有一双大眼睛，当它高兴时，它会眯起眼睛，当它睡觉时，它会闭上眼睛。虽然它不能主动回答问题，但当您对它说话时，它会像鹦鹉学舌般地重复您的话，让您感受到它的陪伴和贴心。

Mâbat

　　这是一款结合了教育意义的太阳能游戏和玩具，它不仅有助于提升孩子的运动技能和软技能，还能让他们从小就了解和掌握太阳能的能量。通过提供户外多人模式，鼓励孩子们在阳光下与其他人互动玩耍，保持活跃，呼吸新鲜空气，同时享受阳光的照耀。此外，它能够收集日光并将其转化为能量，供孩子们在晚上使用。